Luca Rohleder
Jobsuche in schwierigen Fällen

AF238625

dielus edition

Bücher für ein besseres Leben

Luca Rohleder

Jobsuche
in schwierigen Fällen

Mit Bewerbungen im verdeckten Stellenmarkt
Handicaps erfolgreich kompensieren

Jobsuche in schwierigen Fällen, Luca Rohleder
© 2017 dielus edition Leipzig, Impressum siehe: www.dielus.com
Alle Rechte vorbehalten.

Umschlaggestaltung: dielus
Umschlagabbildung: ©iStock.com/wundervisuals
Korrektorat: Maren Klingelhöfer, www.maren-klingelhoefer.de
Printed in Germany

ISBN 978-3-9818928-0-2

Bibliografische Information der Deutschen Bibliothek: Die Deutsche Bibliothek verzeichnet diese Publikation in der Deutschen Nationalbibliografie; detaillierte bibliografische Daten sind im Internet abrufbar über https://portal.d-nb.de.

Inhalt

Was ist ein schwieriger Fall?

Aus demografischen Gründen bewegen wir uns auf einen massiven Arbeitskräftemangel zu. Der Kampf um qualifiziertes Personal hat längst begonnen. Allerdings gibt es da einen kleinen Haken.

Das gilt leider nicht für alle Arbeitnehmer. So haben wir die paradoxe Arbeitsmarktsituation, dass wir zwar in einer Zeit des Arbeitskräftemangels leben, aber es dennoch für eine nicht unerhebliche Zahl von Jobsuchenden schwierig ist, davon zu profitieren.

Die Erklärung ist in den Prinzipien des Arbeitsmarkts zu suchen. Er besteht mittlerweile aus zwei Extremen. Derjenige Teil von Arbeitskräften, die über begehrte Qualifikationen verfügen, und diejenigen, die gerade nicht das bieten, was auf große Nachfrage auf der Unternehmerseite stößt.

In erster Linie geht es um „aktuelle" Berufserfahrungen. Praxiskenntnisse, noch besser Spezialkenntnisse, sind das Maß der Dinge geworden. Und dabei liegt die Betonung auf „aktuell". Der sofort einsetzbare Könner ist gewünscht. Produktive Mitarbeiterinnen und Mitarbeiter, die keine aufwendigen Einarbeitungszeiten benötigen, sind die idealen Bewerber. Trotz Arbeitskräftemangel, sind noch immer nur wenige Firmen bereit, in langwierige Einarbeitungszeiten von neuen Mitarbeitern zu investieren.

Die Leidtragenden dieses Praxistrends sind Ein-, Um- und Wiedereinsteiger/innen. Darunter fallen beispielsweise solche Jobsuchenden, die gerade ihre Berufsausbildung oder eine Umschulung abgeschlossen haben. Dazu gehören auch diejenigen, die noch aktiv im Berufsleben stehen, aber ihren Tätigkeitsbereich oder ihre Branche wechseln möchten. Auch Mütter und Väter, die nach einer Familienpause den beruflichen Wiedereinstieg suchen, stehen vor einer ähnlichen Problematik.

Selbst Bewerber, die keinen klassischen „roten Faden" in ihrem beruflichen Lebenslauf bieten können, gelten als „schwierige Fälle" (zumindest aus Arbeitgebersicht) – ganz zu schweigen von der Masse an Jobsuchenden, die über Berufsabschlüsse verfügen, die wenig begehrt sind, weil das Qualifikationsangebot auf der Arbeitnehmerseite bedeutend größer ist als die Nachfrage auf dem Arbeitsmarkt. Kurz: Es gibt von diesen Abschlüssen ganz einfach zu viele (z.B. bei vielen akademischen Studiengängen, wie (Grafik-)Design, Medien, Geisteswissenschaften, BWL, Sprachen).

Es kommen also zahlreiche Faktoren infrage, warum Bewerbungshemmnisse, also Handicaps, vorliegen können. Selbstverständlich zählen dazu auch alle Arbeitssuchenden, die längere Krankheitspausen hinter sich haben, sowie das Gros der Langzeitarbeitslosen. Aber auch der Wunsch nach dem typischen Traumjob (z.B. Kameramann, Auslandskorrespondent, Fotograf, „etwas mit Tieren"), der von einer übermächtigen Anzahl anderer Bewerbern ebenso begehrt wird, stellt natürlich einen „schwierigen Fall" dar. Es kommt infolgedessen immer auf die jeweilige spezifische Kombination von Berufswunsch, dem bisherigen beruflichen Lebenslauf und natürlich auch auf die private Ausgangsposition an.

Aus der Ferne ist nur schwer bewertbar, was speziell beim einzelnen Leser die Hintergründe sind, warum er sich bei der Jobsuche schwertut. Zudem liegt es mir völlig fern, dahingehend Bewertungen vorzunehmen. Ersten steht mir das nicht zu und zweitens ist dies auch nicht meine Aufgabe. Darüber entscheidet ausschließlich der Arbeitsmarkt. Dieser bestimmt darüber, ob ein Jobsuchender eine gefragte Frau oder ein gefragter Mann ist. Das Prinzip von Angebot und Nachfrage ist in Zeiten der Globalisierung das Maß der Dinge geworden. Alles in allem kann folgende Aussage getroffen werden, warum bestimmte Bewerber sehr begehrt sind und andere hingegen auf keine größere Nachfrage stoßen:

> Ein „schwierige Bewerbungsfall" entsteht dann, wenn sich ein Bewerber aufgrund seines beruflichen Profils gegenüber der Konkurrenz seiner Mitbewerber nur schwer durchsetzen kann.

Das heißt, immer dann, wenn bezüglich einer offenen Stelle eine zu große Nachfrage auf der Bewerberseite herrscht, wird es schwierig für bestimmte Jobsuchende. In letzter Konsequenz kann es für solche „schwierigen Fälle" nur eine einzige Lösung geben: Man hat sich diesem Wettbewerb um die besten Jobs erst gar nicht zu stellen. „Schwierige Fälle" sollten sich auf geschickte Art und Weise der Konkurrenz entziehen.

Und genau an dieser Stelle setzt dieses Buch an. Es zeigt Ihnen auf, wie Sie schneller und besser freie Stellen aufspüren können als andere Bewerber. Ich stelle Ihnen ein pragmatisches Gesamtkonzept vor, damit Sie immer einen Schritt voraus sein können. Dazu nutzen wir den „verdeckten Stellenmarkt". Er ist geradezu prädestiniert, sich einen großen Wettbewerbsvorteil verschaffen zu können.

Dazu müssen Sie lediglich Kapitel für Kapitel in die Praxis umsetzen. Schritt für Schritt bringe ich Sie an Ihr Ziel, sich von einem schwierigen Bewerbungsfall in einen beruflichen Durchstarter zu verwandeln.

Im Übrigen rate ich davon ab, nur einzelne Teile des Buchs für Ihre Jobsuche zu verwenden, da die Inhalte aufeinander aufbauen und kausal miteinander verknüpft sind. Nur in der logischen Abfolge führen die empfohlenen Aktivitäten tatsächlich zum raschen Bewerbungserfolg.

Setzen Sie alle Empfehlungen um, werden Sie nicht nur schnell einen neuen Job finden, sondern sich danach in Ihrem Leben wahrscheinlich nie mehr wieder bewerben müssen. Wie Sie das bewerkstelligen können?

Lassen Sie sich überraschen ...

Luca Rohleder

1 Vorbereitung

Bevor es richtig losgehen kann, sind einige Startvorbereitungen zu treffen. Sie sind ein nicht unerheblicher Bestandteil des hier vorgestellten Konzepts und betreffen folgende Punkte:

1. Arbeitsmarkt
2. Bewerbungsunterlagen
3. Administration

Vielleicht starten Sie schon bald eine berufliche Karriere, die Ihr Leben entscheidend positiv beeinflussen wird. Es geht also um viel. Ihre Vorbereitungen sollten der Bedeutung Ihres Vorhabens in Umfang und Ernsthaftigkeit entsprechen. Je professioneller Sie Ihre Startvorbereitungen durchführen, umso schneller finden Sie einen Job.

1.1. Arbeitsmarkt

Zunächst müssen Sie sich mit den Gegebenheiten der heutigen Arbeitswelt auseinandersetzen. Sie sollten sich frühzeitig mit Marktmechanismen beschäftigen. In letzter Konsequenz suchen Sie jemanden, der Ihnen jeden Monat einen bestimmten Geldbetrag auf Ihr Konto überweist. Im Gegenzug bieten Sie eine bestimmte Leistung an. Als wie wertvoll diese erachtet wird, ist letztendlich von den aktuell herrschenden Arbeitsmarktmechanismen abhängig. Darüber hinaus gibt es weitere Faktoren, die die Arbeitsmarktbedingungen verändert haben bzw. noch verändern werden:

Luca Rohleder

1. Globale Einflüsse

2. Marktwirtschaftliche Prinzipien

3. Der „verdeckte Stellenmarkt"

Starten wir mit den Erläuterungen bezüglich des ersten Punktes. Die Einflüsse der Globalisierung sind mittlerweile überall zu spüren.

1.1.1. Globalisierung

In Ihrer Bewerbungsphase werden Sie sich mit Arbeitgebern konfrontiert sehen, die einen harten Sparkurs fahren. Die Ursachen liegen in der Hauptsache darin, dass insbesondere viele Großkonzerne noch immer keine Rezepte für die härteren, globalen Wettbewerbsbedingungen gefunden haben. Rationalisierungsmaßnahmen, Umstrukturierungen, Mitarbeiterfluktuation sowie permanente Unternehmenszukäufe oder Spartenverkäufe sind die Indizien der Hilflosigkeit von Führungseliten. Daneben unterwerfen sich immer mehr Manager der Mode, zweistellige Zuwachsraten zu verfolgen, um sich zu profilieren oder die Aktionäre zufriedenzustellen. Auch das fördert den Druck, Kosten zu senken. Das Bild im öffentlichen Dienst ist ähnlich: Dort wird mittlerweile gespart auf Teufel komm raus. Die Hintergründe von alledem sind offensichtlich.

Wir leben im Zeitalter der globalen Veränderungen. Staaten, die noch vor einigen Jahren zur Riege der Schwellenländer zählten, sind im Aufbruch. Sie streben mit unbedingtem Willen nach mehr Wirtschaftswachstum und Wohlstand. Die Bevölkerungen dieser Länder sehnen sich ebenso nach schönen Autos, angenehmen Sozialsystemen, Eigenheimen, Urlaubsreisen und allen anderen Bequemlichkeiten, die hohe Wirtschaftswachstumsraten so mit sich bringen. Weit mehr als zwei Milliarden Menschen sind zurzeit in einer gesellschaftlichen und wirtschaftlichen Entwicklungsphase, wie sie die etablierten Industrienationen zuletzt in den 1970er Jahren erlebt haben. Insbesondere das ferne Asien, aber auch Osteuropa und Südamerika sind die neuen Musterschüler des Weltmarkts. Wir hingegen, die Champions vergangener Zeiten, sind bequem, müde und veränderungsresistent geworden. Wir wünschen uns die guten alten Zeiten zurück: funktionierende Renten- und Gesundheitssysteme, regelmäßige Einkommenssteigerungen sowie das automatische Anwachsen von Wohlstand und Freizeit.

Allerdings treten immer mehr Nationen in den globalen Wettlauf um Ressourcen, Macht und Kapital ein. Während vor vielen Jahren gerade einmal sieben Staaten (damals die G7) die Weltwirtschaft mehr oder weniger unter sich aufteilten, sind es heute schon fast als dreimal so viele (in der Hauptsache die G20). Die Anzahl neuer, internationaler Marktteilnehmer steigt permanent. Diese erzeugen einen ungewohnt hohen Wettbewerbsdruck auf die „alte westliche Welt". Dem sind nicht nur die einzelnen Unternehmen, sondern auch die Volkswirtschaften im Ganzen ausgesetzt.

Politiker müssen tatenlos zusehen, wie ihr Handlungsspielraum schwindet. Sie können keine Volkswirtschaften steuern, die längst mit dem Weltmarkt verschmolzen sind, grenzübergreifend wirken und in der Hauptsache internationalen Marktmechanismen gehorchen.

Diese neuen, härteren Bedingungen treffen als Erstes Großkonzerne, die als Global Player aufgestellt sind. Sie geben den Kostendruck an ihre Zulieferer weiter, diese wiederum drücken ihre eigenen Lieferanten im Preis, und so setzt sich dieses Spiel stetig fort – alle Marktteilnehmer versuchen, den Konkurrenzdruck weiterzureichen: Großunternehmen an Kleinbetriebe, schnellere an langsamere, finanzkräftige Firmen an finanzschwache usw. In letzter Konsequenz trifft es diejenigen Unternehmen am härtesten, die am Ende der beschriebenen Kette stehen. Zudem kaufen größere Konzerne kleinere auf oder treiben den Wettbewerb so lange auf die Spitze, bis ein Konkurrent zahlungsunfähig wird. Dies alles erinnert an Kriege, nur eben im wirtschaftlichen Bereich. Man kann es aber auch anders benennen:

Wir leben im Zeitalter des Konkurrenzkampfs.

Nach gleichem Muster sind die internen Abläufe in Unternehmen strukturiert. Somit sind auch der ganz normale Arbeitnehmer und die ganz normale Arbeitnehmerin von den globalen Veränderungen direkt betroffen. Der Ergebnis- und Erfolgsdruck wird von oben nach unten delegiert. Die Unternehmensinhaber oder Kapitaleigner setzen Geschäftsführungen oder Vorstände unter Druck. Die derart verschärften Vorgaben werden an die Managementebene weitergereicht. Schließlich erreicht der Druck die untergeordneten Entscheidungsträger und Führungskräfte, und diese wiederum leiten die Problematik weiter an ihre Mitarbeiterinnen und Mitarbeiter. Höhere Arbeitsbelastungen und eine von Ergebnisvorgaben geprägte Atmosphäre sind das Resultat am Ende der Hierarchiekette. Und dort befinden sich bekanntlich die einfachen Angestellten.

Allerdings hört dieses böse Spiel noch nicht auf. Arbeitnehmer sind natürlich auch Konsumenten. Sie geben den Druck an die Produzenten zurück, indem sie ein kompromissloses Konsumverhalten zeigen. Man kauft dort, wo es vor allem günstiger, aber auch schneller, besser, größer oder schöner ist – unabhängig davon, aus welcher Region der Erde die angebotenen Waren stammen.

Die globalisierte Welt hat demnach unseren ganz normalen Alltag erreicht. Nahezu alle Teile der Bevölkerung sind direkt oder indirekt vom international härteren Wettbewerb betroffen. Alle nehmen mehr oder weniger an dieser Spirale „immer schneller, weiter, höher und preiswerter" teil.

Vor diesem Hintergrund ist es nicht verwunderlich, dass aus Arbeitgebersicht sofort einsetzbare Könner als ideale Bewerber gelten. Schließlich benötigt dieser keine umfangreiche Einarbeitungszeit und bindet kein unnötig teures Personal. Solche Kandidaten sind einfach schneller und billiger einsatzbereit:

> Arbeitgeber zeigen in ihrer Auswahl von Bewerbern das gleiche Verhaltensmuster wie der private Konsument, der das beste Preis-Leistungs-Verhältnis für seine Einkäufe sucht.

1.1.2. Wettbewerb

In Europa war es bisher üblich, dass Regierungen über Gesetze einen stark regelnden Einfluss auf ihre Märkte ausübten. Die Bevölkerung war lediglich einem solchen Wettbewerb ausgesetzt, der mehr oder weniger in die Schranken gewiesen wurde. Wie erläutert, hat sich dies nun dramatisch verändert. Es sind heute eher freie und damit ungezügelte Marktmechanismen zu beobachten. Da macht der Arbeitsmarkt keine Ausnahme. Demnach ist auch bei dem Thema berufliche Qualifikationen das freie Kräftespiel zwischen Angebot und Nachfrage zu beachten. Diese Rahmenbedingungen sind schon bei der Suche des Berufseinstiegs zu berücksichtigen. Demzufolge ist es schon jetzt wichtig, dass Sie sich ein bisschen mit kompromisslosen Marktmechanismen anfreunden:

> Die Arbeitskraft ist als eine Dienstleistung aufzufassen, die unter Wettbewerbsbedingungen gegen Gehalt zu verkaufen ist.

Die Akzeptanz dieser nüchternen Sichtweise ist für die Anwendung zeitgemäßer Bewerbungsstrategien sehr wichtig. Damit können Sie viele Konkurrenzsituationen mit anderen Bewerbern, die sich um den gleichen Job bemühen, besser nachvollziehen und zu Ihrem eigenen Vorteil nutzen.

Beispiel:

Es fand ein Seminar für Wiedereinsteigerinnen statt. Frau D. nahm daran teil. Sie war Bürokauffrau und suchte nach ihrer Babypause seit mehr als einem Jahr erfolglos einen beruflichen Wiedereinstieg. Sie hatte allerdings die Zeit genutzt und an zahlreichen Fortbildungsmaßnahmen teilgenommen. Wurde der Lebenslauf betrachtet, war man zunächst tief beeindruckt. Zehn Zertifikate von renommierten Institutionen, Volkshochschulen und sonstigen Weiterbildungseinrichtungen konnte sie vorweisen.

Frau D. war eine selbstbewusste Frau. Aufgrund ihrer zahlreichen Fortbildungen war sie der Ansicht, dass sie ein Anrecht auf ein überdurchschnittliches Gehalt habe. Schließlich habe sie eine Menge Zeit und Geld investiert, betonte sie immer wieder.

Bisher hatte sie in Vorstellungsgesprächen überzogene Gehaltsvorstellungen genannt. Obwohl manche Gesprächspartner ihr den Hinweis gaben, dass außer ihr noch über hundert vergleichbare Bewerbungen eingegangen seien, addierte Frau D. noch einige tausend Euro auf ihr bisher gewohntes Jahresgehalt. Denn sie hatte ihre Erziehungspause sowie die Zeit ihrer Arbeitslosigkeit genutzt und war nun der Ansicht, qualifizierter als ihre Mitbewerberinnen zu sein.

Frau D. konnte nicht nachvollziehen, warum die jeweiligen Arbeitgeber immer wieder über ihre Gehaltsforderungen den Kopf schüttelten. Zudem wurde sie regelmäßig darauf hingewiesen, dass sie über keine aktuellen Praxiskenntnisse verfüge. Dennoch hielt sie an ihren beruflichen Vorstellungen fest, obwohl es Frau D. langsam dämmerte, dass andere Bewerberinnen sie regelmäßig in Sachen Gehalt unterboten.

Möchten Sie etwas verkaufen, spielt Ihre eigene Einschätzung über den Wert keine Rolle. Allein das Verhältnis zwischen Angebot und Nachfrage bestimmt schlussendlich, ob etwas als begehrt oder nicht begehrt eingestuft wird. Je knapper das Gut ist, desto besser die Position für den Anbieter.

Für Ihre Situation als Jobsuchende/r heißt das leider nichts anderes, als dass es in erster Linie nicht entscheidend ist, über welche Qualifikationen Sie verfügen, sondern wie viele weitere Bewerber vorhanden sind, die das Gleiche anbieten. Demnach haben Sie Ihre beruflichen Fähigkeiten und Kenntnisse nicht absolut, sondern vor allem relativ zu sehen. Für Ihre anstehende Bewerbungsphase müssen Sie sich daher immer zwei Fragen stellen:

1. Über welche Kenntnisse und Fähigkeiten verfüge ich?

2. Wie viele weitere, vergleichbare Bewerber/innen gibt es?

Kommen wir zum entscheidenden Punkt für „schwierige Fälle": Sie haben Ihre Arbeitskraft gegen Gehaltszahlung zu verkaufen. Verkaufserfolge werden grundsätzlich von der bestehenden Konkurrenzsituation beeinflusst. Herrschen Marktmechanismen, gibt es in der Verkaufsphilosophie nur zwei grundlegende Erfolgsrezepte:

1. Besser sein als die Konkurrenz, das heißt, besser sein als Mitbewerber/innen oder

2. sich dieser Wettbewerbssituation entziehen.

Die meisten verfolgen das erste Rezept. Viele Bewerber begeben sich leichtfertig in einen harten Konkurrenzkampf mit anderen Kandidaten. Sie suchen nach Stellenangeboten in Zeitungen und im Internet oder überschwemmen planlos Personalabteilungen mit ihren Bewerbungsunterlagen. Die Folge ist, dass alle Bewerber auch auf die gleichen Bedingungen stoßen. So verschärfen sie sogar noch den Wettbewerb untereinander. Jeder kämpft tapfer und versucht zu gewinnen.

Sie hingegen sollten ab sofort cleverer sein und sich auf das zweite Rezept konzentrieren. Versuchen Sie erst gar nicht, sich gegen Kandidaten durchsetzen zu wollen, die über ein gefragteres berufliches Profil verfügen als Sie.

Sich dieser Konkurrenz zu entziehen, können Sie immer dann, wenn Sie anderen Bewerbern zuvorkommen:

> Sie können den Wettbewerb mit anderen stark reduzieren, wenn Sie über Vakanzen informiert sind, die andere nicht kennen.

Unveröffentlichte Stellen sind demnach der entscheidende Schlüssel für Bewerber/innen, die sich aufgrund ihres bisherigen beruflichen Lebenslaufs nur schwer gegen andere Kandidaten durchsetzen können. Hierbei hilft Ihnen der Trend zum „verdeckten Stellenmarkt".

1.1.3. Verdeckter Stellenmarkt

Im heutigen Stellenmarkt wird zwischen freien Stellen unterschieden, die in Print- und Onlinemedien veröffentlicht, und solchen, die nicht ausgeschrieben werden. Die Summe der vakanten Positionen die der Öffentlichkeit vorenthalten wird, nennt man verdeckter oder grauer Stellenmarkt (verdeckter/grauer Arbeitsmarkt). Demzufolge existiert ein:

Luca Rohleder

- ■ Veröffentlichter Stellenmarkt

- ■ Verdeckter Stellenmarkt

Laut dem Institut für Arbeitsmarkt- und Berufsforschung (IAB) in Nürnberg betrug der Anteil verdeckter Stellen in den letzten Jahren mehr als 50 Prozent. Das ist eine sehr wichtige Tatsache, die Sie sich bei Ihrer Stellensuche immer wieder ins Gedächtnis rufen sollten. Die Anzahl der Stellenanzeigen in Zeitungen oder im Internet darf nicht mit dem tatsächlichen Umfang offener Positionen verwechselt werden.

Der Trend zum verdeckten Stellenmarkt wird verständlich, wenn die Besetzung offener Positionen aus Arbeitgebersicht betrachtet wird. Es gibt unterschiedliche Ursachen, weshalb bestimmte Jobangebote nicht mehr so einfach aufzuspüren sind. Bestimmte Faktoren haben dazu beigetragen und werden im Folgenden erläutert:

1. Soziale und berufliche Netzwerke

2. Antidiskriminierungsgesetz

3. Rationalisierungsmaßnahmen

4. Erfolgsdruck bei Entscheidungsträgern

Starten wir zunächst mit einem hochaktuellen Trend.

Soziale und berufliche Netzwerke

Netzwerke haben im Berufsleben stark an Bedeutung gewonnen. Diese Entwicklung betrifft nicht nur die Jobsuche, sondern auch bereits begonnene Karriereverläufe. Obwohl soziale und berufliche Netzwerke seit Menschengedenken die grundsätzlichen Faktoren gesellschaftlichen Zusammenlebens sind, hat dennoch die Mehrzahl der Bevölkerung diese Tatsache mehr oder weniger vergessen. Vor allem typische soziologische Entwicklungen sind die Ursache.

Soziale Beziehungsgeflechte unter Menschen funktionieren grundsätzlich durch das Prinzip „Geben und Nehmen". Es ist unumstritten, dass das Nehmen komfortable Seiten hat. Die Mühen des Gebens werden verständlicherweise nur dann bereitwillig in Kauf genommen, wenn es unbedingt sein muss. Diese existenzielle Notwendigkeit der gegenseitigen Unterstützung gibt es in Wohlstandsgesellschaften mit großzügig ausgebauten Sozialsystemen nicht. Regelmäßig wiederkehrende Geldflüsse werden durch langfristig bestehende Arbeitsplätze gewährleistet. Kommt es zu Arbeitslosigkeit oder Krankheit, springen staatliche Absicherungssysteme ein, ebenso bei Altersschwäche oder Pflegebedürftigkeit. Funktionierende Rentensysteme regeln die Zeit nach dem Berufsleben. Es gibt für alles und jedes mehr oder weniger eine Grundversorgung. Zudem tragen geerbte Vermögen zusätzlich zur Absicherung von Existenzen bei. Zumindest für das nackte Überleben müssen keine mühseligen Verpflichtungen eingegangen werden.

Je komfortabler die staatlichen Sicherungssysteme ausgebaut sind, umso weniger sind auf Gegenseitigkeit beruhende Verbindungen unter Menschen notwendig. So werden die Voraussetzungen geschaffen, dass sich soziale Bindungen unter der Bevölkerung lockern können. Individualisierungsprozesse treten an ihre Stelle. Jedermann kann entscheiden, freiheitlich (oder egozentrisch) zu leben, ohne dabei Gefahr zu laufen in eine lebensbedrohende Notlage zu geraten. So weit, so gut.

Das Ganze hat leider einen negativen Effekt. In solchen Gesellschaften geraten die grundsätzlichen Regeln für soziale und berufliche Beziehungsgeflechte in Vergessenheit. So werden sozialisierende Kommunikationsformen und Verhaltensweisen verlernt. Der unmittelbare existenzielle Zwang zur sozialen Kompetenz und einem harmonischen Miteinander besteht nicht mehr. Ein-Personen-Haushalte, alleinerziehende Mütter und Väter, einzeln ausführbare Trendsportarten wie Joggen, Fitnesstraining oder Inlineskating sind typische Indizien für Vereinzelungsprozesse. Sie sind Randerscheinungen in Wohlstandsgesellschaften, die über hochwertige Sozialsysteme verfügen. Diese Entwicklung wird zusätzlich durch die Anziehungskraft von Internet und Fernsehen verstärkt. Diese Medien sind ebenfalls allein nutzbar. Man muss dabei auf niemanden Rücksicht nehmen.

Individualisierungsprozesse sind notwendige Bestandteile der menschlichen Entwicklung und haben durchaus ihre Berechtigung. Allerdings gehört das Zeitalter funktionierender Sozialversicherungssysteme sowie langfristig bestehender Arbeitsplätze inzwischen der Vergangenheit an. Den Staat, der alles regelt und seine schützende Hand über seine Bevölkerung hält, gibt es nicht mehr in der Form der vergangenen Jahre.

Hilfestellungen, Toleranz und soziale Kompetenz als Bestandteile des Überlebens werden künftig wieder einen höheren Stellenwert einnehmen. Je nachdem, in welcher gesellschaftlichen (und natürlich auch finanziellen) Position sich jeder Einzelne befindet, wird das Knüpfen von sozialen und beruflichen Netzwerken wieder das Alltagsleben bestimmen müssen. Immer mehr Menschen erkennen diese Notwendigkeit. Insbesondere die heutigen Netzwerke im Berufsleben sind die typischen Vorboten. Der Trend „eine Hand wäscht die andere" wird sich verstärken.

Viele Entscheidungsträger oder Personen, die zu Verantwortlichen guten Kontakt pflegen, fühlen sich daher in der Verantwortung, einen bestimmten Kandidaten „unterbringen" zu müssen. Vielleicht, weil sie früher auf ähnliche Weise gefördert wurden. Oder es wird als Gegenleistung für bisher angenommene Annehmlichkeiten erwartet. Eventuell spielen Familienangehörige eine Rolle, die schon allein aus emotionalen Gründen bevorzugt werden. Es gibt viele Ursachen, warum bestimmte Bewerber bevorzugt werden, obwohl es qualifiziertere Kandidaten gibt. Betrachtet man solche Netzwerke etwas näher, wird man schnell feststellen, dass soziale und vor allem emotionale Einflussfaktoren eine gewichtige Rolle spielen. Und dies ist mehr als menschlich.

Hinterfragen Sie sich einmal selbst kritisch: Angenommen, Sie hätten eine Machtposition inne und dadurch einige berufliche Vorteile zu vergeben - würden Sie nicht ebenso Personen, die Sie mögen, oder Verwandte und Bekannte bevorzugen? Oder solche Menschen, die früher einmal Ihnen selbst unter die Arme gegriffen haben? Würden

Sie sich nicht auch bei denjenigen erkenntlich zeigen, die Ihnen sonstige Bequemlichkeiten oder Annehmlichkeiten bieten?

Alles in allem hat der stetig anwachsende Trend zu sozialen und beruflichen Netzwerken maßgeblich dazu beigetragen, dass besonders interessante Stellen unter der Hand vergeben werden. Es gibt weitere Ursachen für verdeckte Positionen.

Das Antidiskriminierungsgesetz

Das „Allgemeine Gleichbehandlungsgesetz (AGG)" soll Benachteiligungen von Personen aus Gründen der ethnischen Herkunft, des Geschlechts, der Religion oder Weltanschauung, einer Behinderung, des Alters oder der sexuellen Identität verhindern.

Grundsätzlich steht außer Frage, dass diese Gesetzesregelung notwendig und wichtig ist. Leider hat sie in einem Punkt zu einer Fehlentwicklung geführt. Viele Unternehmen scheuen mittlerweile das Risiko, ihre internen Anforderungen an potenzielle Kandidaten öffentlich zu nennen. So manches Stelleninserat kann deshalb nicht mehr zielgenau geschaltet werden. Stellenangebote in Zeitungen oder im Internet müssen demnach allgemeingültig formuliert werden. Eine zu hohe Menge unpassender Bewerbungen aufgrund zu weit gefasster Inserate wäre die logische Folge. In solchen Fällen wird von einer Veröffentlichung Abstand genommen.

Beispiel:

Der Inhaber eines Großhandelsunternehmens für Trockenbaumaterialien rief mich an. In seiner Firma sei eine Position in der Kundenberatung zu besetzen. Es würde jemand gesucht, der zudem einen handwerklichen Hintergrund habe. Er erkundigte sich, ob ich weiterhelfen könne. Ich versprach, mir Gedanken zu machen, und fragte ihn, warum er nicht einfach ein Inserat schalte. Schließlich sei die gesuchte Qualifikation nicht so ungewöhnlich.

Der Firmenchef erklärte daraufhin: „Wir streben eine zeitgemäße Personalstruktur an. Daher bevorzugen wir eine weibliche Bewerberin. Das ist für die Baubranche eher unüblich. Darüber hinaus sollte ihr Alter zwischen 35 und 40 Jahren liegen, da sie in ein Team mit einer ähnlichen Altersstruktur eingebunden wird.

Falls wir diese Anforderungen und einige andere interne Kriterien in ein Stelleninserat packen würden, stünde dies jedoch im Widerspruch mit dem Gleichbehandlungsgesetz.

Wir müssten das Ganze eher allgemein formulieren. Dann ginge jedoch eine Masse von Bewerbungsunterlagen ein, bei denen die Mehrzahl der Kandidaten aber nicht passen würde. Diesen zeitlichen Aufwand können wir uns nicht leisten."

Jeder Arbeitgeber muss heute in erheblichem Umfang darauf achten, nicht gegen die Vorgaben des Gleichbehandlungsgesetzes zu verstoßen. Das hat leider zur Reduzierung von veröffentlichten Stellenangeboten geführt. Damit nicht genug: Es gibt weitere Gründe für den verdeckten Stellenmarkt.

Rationalisierungsmaßnahmen

In den letzten Jahren war die Arbeitswelt durch Rationalisierungsmaßnahmen gekennzeichnet. Analysten, Finanzchefs und Controller haben den vermeintlichen „Kostenfaktor Mensch" entdeckt.

Eingesparte Personalkosten können sehr einfach in Unternehmensgewinne gewandelt werden, um dann als betriebswirtschaftliche Erfolge gefeiert zu werden. Gewaltige Unternehmensgewinne sowie deren enorme Steigerungsraten, insbesondere bei Großkonzernen, basieren in vielen Fällen darauf, dass einerseits die Beschäftigungszahl sinkt, aber anderseits die zu erledigende Summe aller Arbeitsaufgaben gleich bleibt oder sich gar erhöht. Eine größere Arbeitsbelastung eines jeden Mitarbeiters und Entscheidungsträgers ist das Resultat.

Das betrifft im besonderen Maße die Beschäftigten in Personalabteilungen. Es liegt in der Natur der Sache, dass dort kein unmittelbarer Beitrag zum Unternehmensgewinn erzielt werden kann. Solche Abteilungen werden von Geschäftsleitungen eher als unangenehmer

Kostenfaktor betrachtet. Das hat dazu geführt, dass Personaler sehr stark von Rationalisierungsmaßnahmen betroffen sind.

In der Summe geht es also um das große Thema der Kosteneinsparungen. Die Veröffentlichung von freien Stellen steht dazu im Widerspruch: Die Bearbeitung zahlreicher Bewerbungen sowie das sich daran anschließende Auswahlverfahren kosten Personaleinsatz und damit Zeit und Geld.

Das Beispiel eines gängigen Personalauswahlverfahrens verdeutlicht dies: Ein Arbeitgeber hat eine freie Stelle zu besetzen. Zunächst muss definiert werden, über welches Anforderungsprofil der potenzielle Bewerber verfügen soll. Es ist eine Stellenbeschreibung notwendig. Danach muss eine Stellenanzeige entworfen werden. Ein Grafiker bzw. Webdesigner ist einzubinden. Die vakante Position muss im Internet oder in der Zeitung geschaltet werden.

Zuarbeitende Mitarbeiter sind einzuweisen und müssen koordiniert werden. Wenn das Stelleninserat erschienen ist, sind Berge von Bewerbungsdaten zu sichten. Entscheidungen sind zu treffen.

Das Ganze ist mit Kollegen, Bereichsleitern und Vorgesetzten abzusprechen. E-Mails und Telefonate sind notwendig. Bestätigungs-, Absage- und Einladungsschreiben werden versendet. Termine für Einstellungsgespräche müssen gefunden, organisiert und durchgeführt werden. Unter Umständen haben andere Mitarbeiter, Verantwortliche und sonstige Beisitzer anwesend zu sein. Unbekannte Bewerber, mit denen man noch nie zuvor Kontakt hatte, sind zu bewerten. Risiken sind abzuwägen, ob Daten und Aussagen der Kandidaten glaubhaft sind. Zweitgespräche stehen unter Umständen an. Weitere Entscheidungen, Sitzungen, E-Mails und Telefonate werden erforderlich und, und, und.

Wenn Sie sich nun in die Lage von Beschäftigten oder Verantwortlichen versetzen, die oft nicht wissen, wie sie ihr übriges Arbeitspensum schaffen sollen, für welche Variante der Personalauswahl würden Sie sich wohl entscheiden? Diejenige, bei der bereits ein passender Kontakt zur Besetzung einer Position vorliegt? Oder für die eben beschriebene Variante, in der das gesamte Programm eines öffentlich ausgeschriebenen Personalauswahlverfahrens durchgezogen werden muss?

Betrachtet man heute die erhöhte Arbeitsbelastung, ist es mehr als verständlich, wenn Entscheidungsträger bzw. Personalreferenten sich selbst, ihren Bereichsleitern oder Vorgesetzten einreden, dass ein bereits bekannter Bewerber, den man sozusagen schon in der Hinterhand hat (und zwar ohne größeren Aufwand), der ideale Kandidat schlechthin ist.

Beispiel:

Herr B. vereinbarte einen Termin, um sich professionelle Bewerbungsunterlagen anfertigen zu lassen. Er wolle sich demnächst initiativ bewerben, gab er an. Im Rahmen einer Umschulung zum „Kaufmann im Gesundheitswesen" hatte er gerade seine Abschlussprüfung bestanden.

Er interessierte sich für eine Anstellung in der näheren Region. Dort waren zirka zehn Niederlassungen größerer Krankenkassen ansässig. Ich empfahl meinem Kunden, zunächst dort anzurufen, bevor er ungebeten schriftliche Bewerbungsunterlagen versenden würde. So könne er erfahren, ob eine Initiativbewerbung überhaupt sinnvoll und wer zuständig sei. Er folgte meinem Ratschlag.

Nach acht vergeblichen Anrufen wurde er bei einer der Krankenkassen endlich mit der zuständigen Stelle verbunden. Er erhielt gleich für den kommenden Tag einen Vorstellungstermin. Dies war erstaunlich, schließlich hatte sein Gesprächspartner noch keine Bewerbungsunterlagen gesehen. Herr B. sollte sie zum Termin einfach mitbringen.

Zwei Tage später erhielt ich einen Anruf von Herrn B. Es stellte sich Folgendes heraus: Die Personalchefin, mit der er zuvor telefoniert hatte, kam mit ihrer Arbeit nicht nach. Sie schob einen Berg zu erledigender Aufgaben vor sich her. Der zeitliche Druck war enorm, da die Personalabteilung mittlerweile nur noch aus ihr selbst, einer Mitarbeiterin, einem Praktikanten und einem Auszubildenden bestand. Es war unter anderem eine Sachbearbeiterstelle zu besetzen.

Dann rief bekanntlich mein Kunde an. Herr B. hatte den Eindruck, dass seine Ansprechpartnerin sehr erleichtert über seinen Anruf war. Seine

Qualifikation passte in das gewünschte Anforderungsprofil. Mit einem einzigen Gespräch könnte sie den gesamten Vorgang noch am gleichen Tag vom Tisch bekommen, weihte die Personalchefin meinen Kunden redselig ein. Das Vorstellungsgespräch dauerte gerade einmal 30 Minuten.

Im Anschluss daran rief sie ihren Niederlassungsleiter an, ob er spontan Zeit habe. Er bejahte die Frage. Daraufhin nahm die Personalchefin Herrn B. gleich mit, und sie gingen eine Etage höher. Es wurde ein kurzes Gespräch zu dritt geführt. Die Personalerin verkaufte ihrem Chef sehr eindrucksvoll, dass Herr B. der richtige Kandidat sei.

Zwei Wochen später wurde der Arbeitsvertrag unterschrieben. Die betreffende Stelle war nie als Stellenanzeige erschienen.

Darüber hinaus darf man die Befürchtung der Arbeitgeber, von einer zu hohen Anzahl eingehender Bewerbungen überrollt zu werden, nicht unterschätzen. Wird für ein gängiges Berufsbild ein Inserat geschaltet, ist der Eingang sehr vieler Bewerbungsunterlagen keine Seltenheit. Verfügt ein Unternehmen über keine ausreichende Personaldecke, werden schnell administrative Grenzen erreicht.

Wenn zudem noch kein Onlineportal auf der Arbeitgeber-Homepage existiert, auf das Bewerber abgewimmelt werden können, kann das Ganze aus Arbeitgebersicht sehr unangenehme Folgen haben. Bewerber kommen in Scharen auf das Unternehmen zu. Eine Unmenge von Unterlagen die per E-Mail oder als Mappe eingehen, müssen angenommen und weiterbearbeitet werden. Wenn einmal eine solche Situation erlebt wurde, überlegt sich so mancher Arbeitgeber, ob er noch einmal eine Stellenanzeige veröffentlicht.

Selbstverständlich gibt es noch genügend Unternehmen, in denen die Arbeitsbelastung der Beschäftigten das Normalmaß nicht übersteigt. Solche Arbeitgeber verfügen über die finanziellen und organisatorischen Voraussetzungen, um eine große Menge eingehender Bewerbungsunterlagen zu bearbeiten und viele Einstellungsgespräche führen zu können.

Dennoch unterliegen viele dem Reiz, eine freie Position bequem und ohne viel Aufwand, sozusagen unter der Hand, zu besetzen.

Erfolgsdruck bei Entscheidungsträgern

Eine typische Frage an Mitarbeiter ist oft: „Herr Musterfrau, kennen Sie jemanden, der für die Stelle XY geeignet sein könnte?"

Meist ist es ausreichend, eine offene Stelle betriebsintern zu kommunizieren. Vorausgesetzt, es handelt sich um eine interessante Position, so spricht sich das in Windeseile herum. Schnell gehen einige Bewerbungen ein, obwohl noch kein Aufwand zur Personalbeschaffung betrieben wurde. Liegen dazu persönliche Empfehlungen von Mitarbeitern vor, ist das der Idealfall für jeden Arbeitgeber. Solche Kandidaten sind vertrauenswürdiger. Im Gegensatz zu unbekannten Bewerbern ist es hier bedeutend wahrscheinlicher, dass die Unterlagen und die darin gemachten Angaben glaubhaft sind. Das Risiko, die falsche Frau oder den falschen Mann einzustellen, kann somit deutlich reduziert werden. Dies bringt Sicherheit für alle Mitarbeiter, die für die Auswahl von Personal zuständig und verantwortlich sind.

Führungskräfte können es sich heute nicht mehr leisten, für eine Fehlbesetzung verantwortlich gemacht zu werden.

Ausnahmen

Es gibt einige Ausnahmen zum verdeckten Stellenmarkt. In diesen Fällen sind Arbeitgeber gezwungen, vakante Positionen zu veröffentlichen.

Arbeitgeber müssen immer dann ihre freien Stellen umfangreich ausschreiben, wenn es nicht genügend geeignete Kandidaten gibt. Das heißt, wenn Qualifikationen gesucht werden, die derzeit auf dem Arbeitsmarkt sehr gefragt sind. Solche Vakanzen können von den Arbeitgebern nur schwer besetzt werden. Es muss für die offene Position sozusagen Werbung gemacht werden. Dann sind Stellenanzeigen in Zeitungen, Fachzeitschriften, Onlinejobbörsen oder auf den Internetpräsenzen der Unternehmen zu finden.

Ein Beispiel ist der aktuelle Fachkräftemangel. Dabei geht es meist um Spezialkenntnisse oder begehrte Berufsbilder im technischen, handwerklichen und sozialen Bereich. Auf dem freien Arbeitsmarkt sind solche Mitarbeiter nahezu nicht mehr verfügbar. Arbeitgeber müssen sich mit entsprechenden Veröffentlichungen hoch engagiert zeigen, um mehr geeignete Kandidaten anzuziehen.

Es gibt weitere Ausnahmen zum „verdeckten Stellenmarkt". Bestimmte Positionen unterliegen einer gesetzlichen Veröffentlichungspflicht. Das betrifft in der Regel Stellen im öffentlichen Dienst oder solche, die dem öffentlichen Dienst gleichgestellt sind.

Beispiel:

Die Agentur für Arbeit finanzierte bei einem privaten Bildungsträger eine Fördermaßnahme für Langzeitarbeitslose. Unter den Teilnehmern befand sich eine Justizfachangestellte. Frau F. war mobil und telefonierte im Rahmen von Initiativaktivitäten Behörden, Amts- und Landgerichte ab. Sie versuchte, wieder in den öffentlichen Dienst einzusteigen.

Einmal hatte sie einen Herrn am Telefon, dessen Stimme ihr vertraut vorkam. Es stellte sich heraus, dass es sich um einen ehemaligen Kollegen handelte, der mit ihr die Berufsausbildung absolvierte hatte.

Er war zwischenzeitlich in einer anderen Stadt tätig. Frau F. hatte Glück. Bei seiner Behörde war tatsächlich eine Stelle frei - es wurde eine Verwaltungsangestellte gesucht. Der ehemalige Kollege beschrieb ihr die freie Stelle, und sie war begeistert. Die Region und das Tätigkeitsfeld sagten Frau F. sehr zu. Allerdings war bereits vor drei Wochen eine Anzeige in der örtlichen Tageszeitung erschienen. Die Bewerbungsfrist war bereits abgelaufen. Einladungen für Vorstellungsgespräche wurden bereits versandt.

Sie solle sich aber keine Sorgen machen, so der Bekannte. Sie könne noch heute vorbeikommen und die Bewerbungsmappe persönlich abgeben. Obwohl die Stadt 120 Kilometer von ihrem Wohnort entfernt lag, machte sich Frau F. dennoch sofort auf den Weg, sodass sie schon nachmittags dort ankam. Zudem freute sie sich, ihren ehemaligen Kollegen einmal wieder zu sehen.

Um es kurz zu machen: Frau F. erhielt noch für die darauffolgende Woche ein Vorstellungsgespräch. Eine Woche später unterschrieb sie den Arbeitsvertrag.

Unterliegen Positionen der Veröffentlichungspflicht und erscheinen demnach als Inserat in der Zeitung, heißt dies noch lange nicht, dass die Stellen tatsächlich noch frei sind. Erfahrungsgemäß sind zumindest die interessantesten Positionen schon zum Zeitpunkt des Erscheinens der Anzeige inoffiziell vergeben.

Es gibt noch eine letzte Ursache, warum Arbeitgeber ihre zu besetzenden Stellen umfangreich inserieren müssen. Das ist immer dann der Fall, wenn Folgendes gegeben ist:

- Gebotene Gehälter, Arbeitszeiten oder Arbeitsbedingungen sind nicht lukrativ.
- Arbeitsorte liegen in einer unattraktiven Region.
- Die angebotenen Jobs haben einen sonstigen Haken.

Leider sind diese drei Punkte die Hauptursache für veröffentlichte Stellenanzeigen. Setzen Arbeitskonditionen keine ausreichenden Anreize, kommen interessante Kandidaten natürlich nicht automatisch auf die Arbeitgeber zu. Es besteht schlicht Desinteresse auf der Bewerberseite. Die Arbeitgeber müssen also auch hier Marketing in Form von Stellenanzeigen betreiben.

1.1.4. Fazit

Die vorangegangenen Ausführungen über den verdeckten Stellenmarkt werden für Ihre spezifische Situation zusammengefasst: Stellenangebote werden in der Regel nur dann veröffentlicht, wenn eines der drei Kriterien vorliegt:

1. Es werden begehrte berufliche Profile gesucht.
2. Es müssen Positionen besetzt werden, die nicht attraktiv sind.
3. Es besteht Veröffentlichungspflicht.

Der erste Punkt betrifft Sie nicht. Durch Ihr spezielles Bewerbungshandicap kann Ihr berufliches Profil noch nicht auf eine ausreichende Nachfrage auf der Arbeitgeberseite stoßen.

Weiterhin wird vorausgesetzt, dass Sie an nicht lukrativen Positionen nicht interessiert sind. Damit kann der zweite Punkt ebenso entfallen.

Lediglich der dritte Punkt betrifft Sie, wenn Sie eine Position im öffentlichen Dienst suchen. Aber auch hier sollten Sie der Realität ins Auge sehen: Erfahrungsgemäß sind zumindest die interessantesten Stellen bereits vergeben, bevor sie als Inserat erscheinen.

Sicher leuchtet Ihnen nun selbst ein, dass alle Konstellationen, in denen Arbeitgeber gezwungen sind, ihre Stellen öffentlich auszuschreiben, Sie nur am Rande betreffen.

Verdeckte Stellen spielen für Sie die alles entscheidende Rolle.

1.2. Bewerbungsunterlagen

Ihre Bewerbungsunterlagen sind nichts anderes als die Dokumentation Ihres beruflichen Profils, das heißt, die aussagekräftige, übersichtliche und vollständige Darstellung all Ihrer Kenntnisse und Fähigkeiten.

Um diese Kriterien für Bewerbungsunterlagen erfüllen zu können, müssen die Einzelheiten Ihres gesamten Profils bekannt sein. Diese sind also zunächst auszuarbeiten (Profiling). Erst danach, wenn diese Arbeit getan ist, liegen Ihnen die inhaltlichen Grundlagen vor, um professionelle Bewerbungsunterlagen erstellen zu können.

Wenn Sie sich mit Ihrem Profil, das heißt mit Ihren Kenntnissen und Fähigkeiten, auseinandersetzen, bringt dies für Sie weitere positive Effekte:

- Sie werden sich darüber bewusst, was Sie zu bieten haben.
- Sie können anschließend Ihre Fähigkeiten und Kompetenzen gegenüber Arbeitgebern klarer kommunizieren.
- Ihre Selbstdarstellung wird erheblich verbessert.

Somit können wir mit der Erstellung von Bewerbungsunterlagen gleich mehrere wichtige Punkte im Rahmen Ihrer Startvorbereitungen abarbeiten. Obwohl Bewerbungsunterlagen per se in der hier vorgestellten Gesamtstrategie keine entscheidende Rolle spielen werden, gibt es dennoch gewichtige Gründe, sich engagiert mit diesem Thema auseinanderzusetzen. Zudem werden Ihre Unterlagen im Falle einer Einstellung in einer Personalakte aufbewahrt. Man sollte sich gut überlegen, was dort langfristig archiviert und jederzeit einsehbar ist.

Sie werden nun Schritt für Schritt durch alle anstehenden Teilaufgaben geführt. Diese sind folgendermaßen untergliedert:

1. Analyse Ihres beruflichen Profils.
2. Übertragung der Ergebnisse in den tabellarischen Lebenslauf und in das Bewerbungsanschreiben.
3. Digitale Aufbereitung Ihrer Dokumente.

1.2.1. Berufliches Profils

Als Erstes sollten Sie sich darüber klar werden (falls nicht bereits geschehen), was Sie anstreben möchten:

> Wohin soll Ihre berufliche Reise gehen?

Es ist zunächst nicht weiter tragisch, falls Sie darauf keine klar umrissene Antwort geben können. An dieser Stelle ist eine konkrete Zieldefinition noch nicht zwingend erforderlich. Im Rahmen des hier vorgestellten Konzeptes werden Sie später mit einer Vielzahl von Ansprechpartnern und Informationen in Berührung kommen. Dadurch ergeben sich erfahrungsgemäß neue Gesichtspunkte. Wahrscheinlich werden sich Ihre beruflichen Wünsche dadurch einige Male leicht verschieben.

An dieser Stelle reicht also eine erste grobe Festlegung Ihrer beruflichen Wünsche völlig aus. Haben Sie den Mut, zunächst mit einem hochgesteckten Ziel zu beginnen. Falls sich dieses im Laufe der Bewerbungsphase doch als unrealistisch herausstellen sollte, werden Sie das schnell bemerken. Danach können Sie immer noch Kompromisse eingehen. Sie haben es dann zumindest versucht.

Die folgenden Fragen können Sie also spontan beantworten. An anderer Stelle können Sie Ihre Antworten nochmals korrigieren:

	Notizen
Welche Tätigkeit (oder welches Aufgabengebiet) strebe ich an?	
Bevorzuge ich eine bestimmte Branche? Wenn ja, welche?	

Haben Sie Ihre beruflichen Vorstellungen eingetragen, müssen Sie sich im Anschluss darüber Gedanken machen, was Sie im Gegenzug zu bieten haben, um Ihre notierten Wünsche realisieren zu können.

Hierfür müssen Sie Ihre Kenntnisse und Fähigkeiten eingehend prüfen. Selbstverständlich liegt es in der Natur der Sache, dass jetzt nicht alle Leser aus dem Vollen schöpfen können. Schließlich richtet sich dieses Buch an Jobsuchende mit einem Handicap. Dieses könnte schließlich auch darin liegen, dass Sie derzeit überhaupt keine aktuellen Praxiserfahrungen oder Spezialkenntnisse vorweisen können. Aber selbst dann verfügen Sie dennoch über ein berufliches Profil.

Ihr Profil besteht aus einem fachlichen und persönlichen Anteil.

Sozusagen Ihre Hardskills und Softskills. Es wird zunächst mit der Analyse des fachlichen Bestandteils Ihres Profils gestartet.

Ihr fachliches Profil

Zum fachlichen Teil Ihres Profils zählt neben Ihren Praxiskenntnissen natürlich auch Ihre Berufsausbildung. Eventuell gab es während Ihrer Ausbildungszeit einige fachliche Besonderheiten. Darüber hinaus haben Sie sicher noch weitere Kenntnisse, Fähigkeiten und Kompetenzen erworben. Vielleicht sind Ihre Berufserfahrungen, auch wenn sie schon einige Zeit her sind, noch zeitgemäß und deshalb doch sofort bei potenziellen Arbeitgebern einsetzbar. Oder Sie haben an einigen Fort- und Weiterbildungen teilgenommen. Diese und ähnliche Fragestellungen stehen nun an.

Im ersten Schritt geht es um die Stationen Ihres Lebenslaufs. Dazu betrachten Sie zunächst Ihre aktuelle Situation. Von hier aus gehen Sie dann in Ihrem Leben Jahr für Jahr zurück, bis Sie bei Ihrer Schulzeit angelangt sind. Stellen Sie sich nur eine einzige Frage:

> Wann und wo habe ich was gemacht?

Auf den nächsten Seiten folgen nun Tabellen, die Ihnen bei der Erarbeitung Ihres Lebenslaufs hilfreich sein werden. Zusätzlich beschreiben Sie dort stichpunktartig die jeweils ausgeübten Tätigkeiten oder Aktivitäten. Es ist völlig ausreichend, wenn Sie die einzelnen Lebenslaufstationen zunächst wertfrei näher beschreiben. Sie brauchen noch nichts in „bedeutend" oder „unbedeutend" zu unterscheiden. Das Ziel ist, nur eine grobe Stoffsammlung aller Daten, Fakten und Aktivitäten Ihres schulischen und beruflichen Lebens zu erhalten.

Trotz Ihrer spezifischen Ausgangssituation werden in der ersten Tabelle (Beruflicher Werdegang) mögliche Berufserfahrungen abgefragt. Sicher ist sicher. Sie sollten prüfen, ob Sie nicht doch über mehr Praxiskenntnisse verfügen, als Sie bisher vermutet haben. Erfahrungsgemäß wird es dabei die eine oder andere positive Überraschung geben. Im Kopf der Tabelle sind einige Stichworte zu finden. Diese sollen Sie inspirieren, darüber nachzudenken, welche Tätigkeiten und Einsatzbereiche grundsätzlich möglich sind. Mit dieser gedanklichen Hilfestellung wird Ihnen sicher einiges einfallen.

Grundsätzlich sind nur solche Praxiskenntnisse etwas umfangreicher zu beschreiben, die nicht älter als fünf Jahre sind (bis zu zehn Jahre, falls überhaupt keine aktuelleren Berufserfahrungen vorhanden sind). Bei älteren Erfahrungen genügen wenige Stichpunkte.

Falls Sie zu den Leserinnen und Lesern gehören, die gerade Ihre Berufsausbildung abgeschlossen haben (oder gerade dabei sind), können Sie „Beruflicher Werdegang" überspringen. Sie starten dann mit Ihren Notizen in der zweiten Tabelle „Berufsausbildung und erste Praxiskenntnisse". Die erste Tabelle betrifft in der Hauptsache Um- und Wiedereinsteiger/innen.

1 Beruflicher Werdegang	Stoffsammlung		von/bis Monat/Jahr
• Bürotätigkeiten?	• Verkaufserfolge?	• PR, Design und Texte?	
• Büroorganisation?	• Kundenberatung?	• Organisation/Konzeption?	
• Sachbearbeitung?	• Kundenakquisition?	• EDV/Hardware/Software?	
• Auftragsabwicklung?	• Sonstiger Kundenkontakt?	• Sonstige IT-Kenntnisse?	
• Buchhaltung/Rechnungen?	• Marketing/Promotion?	• Pädagogische Erfahrungen?	
• Bank-KTO/Liquiditätskontrolle?	• Lager-/Logistikaufgaben?	• Schulungen/Präsentationen?	
• Budgetverantwortung?	• Durchführung von Events?	• Technische Entwicklungen?	
• Vollmachten?	• Assistenzen?	• Konstruktionen?	
• Personalverantwortung?	• Stellvertretungen?	• Sonst. technische Erfahrungen?	
• Einarbeitung Mitarbeiter?	• Alleinverantwortungen?	• Therapeutische Aufgaben?	
• Verantwortlichkeiten?	• Eigene Projekte?	• Handwerkliche Praxis?	
• Auszeichnungen/Erfolge?	• Einsatz von Fremdsprachen?	• Teilnahme Weiterbildungen?	
Beispiel	*Assistentin der Geschäftsführung bei Musterfirma in Musterstadt* Korrespondenz in Deutsch, Englisch und Russisch, Terminkoordination, Kundenempfang/Kundenbetreuung, Terminierung und Koordination des Verkaufsteams, Führung Kassenbuch und Liquiditätskontrolle, Vollmacht Bankkonto, Konzeption und Durchführung von Firmen- und Kundenevents, komplette Bandbreite aller üblichen Büroarbeiten, SAP R/3, MS Office, Vorbereitung der Belege zur Abgabe beim Steuerberater. **Zeitraum: MM/JJJJ - MM/JJJJ**		
1. Position, Firmenbezeichnung, Ort			
Tätigkeitsbeschreibung?			
2. Position, Firmenbezeichnung, Ort			
Tätigkeitsbeschreibung?			

Luca Rohleder

1 Beruflicher Werdegang	Stoffsammlung	von/bis Monat/Jahr

- Bürotätigkeiten?
- Büroorganisation?
- Sachbearbeitung?
- Auftragsabwicklung?
- Buchhaltung/Rechnungen?
- Bank-KTO/Liquiditätskontrolle?
- Budgetverantwortung?
- Vollmachten?
- Personalverantwortung?
- Einarbeitung Mitarbeiter?
- Verantwortlichkeiten?
- Auszeichnungen/Erfolge?

- Verkaufserfolge?
- Kundenberatung?
- Kundenakquisition?
- Sonstiger Kundenkontakt?
- Marketing/Promotion?
- Lager-/Logistikaufgaben?
- Durchführung von Events?
- Assistenzen?
- Stellvertretungen?
- Alleinverantwortungen?
- Eigene Projekte?
- Einsatz von Fremdsprachen?

- PR, Design und Texte?
- Organisation/Konzeption?
- EDV/Hardware/Software?
- Sonstige IT-Kenntnisse?
- Pädagogische Erfahrungen?
- Schulungen/Präsentationen?
- Technische Entwicklungen?
- Konstruktionen?
- Sonst. technische Erfahrungen?
- Therapeutische Aufgaben?
- Handwerkliche Praxis?
- Teilnahme Weiterbildungen?

3. Position, Firmenbezeichnung, Ort

Tätigkeitsbeschreibung?

4. Position, Firmenbezeichnung, Ort

Tätigkeitsbeschreibung?

5. Position, Firmenbezeichnung, Ort

Tätigkeitsbeschreibung?

6. Position, Firmenbezeichnung, Ort

Tätigkeitsbeschreibung?

7. Position, Firmenbezeichnung, Ort

Tätigkeitsbeschreibung?

2 Berufsausbildung, erste Praxiskenntnisse	Stoffsammlung	von/bis Monat/Jahr
Berufsabschluss sowie Zusatzabschlüsse?		
Besonderheiten oder außergewöhnliche Schwerpunkte während der Ausbildung?		
Eigene Projekte (oder Mitarbeit)?		
Verantwortlichkeiten oder erste Stellvertretungen in der Ausbildungszeit?		
Tätigkeiten und Aufgabenbereiche bei Kunden, Klienten, Mandanten oder Patienten?		
Auszeichnungen oder herausragende Noten?		
Sonstiger Kontakt mit dem Arbeitsalltag?		

Luca Rohleder

3 Schulbildung	Stoffsammlung	von/bis Monat/Jahr
Schule/n und Abschlüsse?		
Herausragende Noten und Auszeichnungen?		
Mitarbeit an schulischen Projekten?		
Verantwortlichkeiten und sonstige Engagements?		

4 Sonstige Kenntnisse und Fähigkeiten	Stoffsammlung	von/bis Monat/Jahr
Ehrenamtliche und gemeinnützige Tätigkeiten?		
Sonstige Aktivitäten in Vereinen, Interessensgruppen, Verbänden oder Ähnliches?		
Berufsrelevante Hobbys?		

4	Sonstige Kenntnisse und Fähigkeiten	Stoffsammlung	von/bis Monat/Jahr
Fort- und Weiterbildungen?			
Führerscheine und weitere Zulassungen?			
Sprachkenntnisse und Sprachreisen?			
Hard- und Softwarekenntnisse?			
Sonstiges?			

Sobald Sie damit fertig sind, liegen Ihnen alle Stationen Ihres Lebenslaufs inklusive der dazugehörigen Notizen und Tätigkeitsbeschreibungen vor.

Im nächsten Schritt sollten Sie Ihre Stoffsammlung auf die jeweilige Relevanz prüfen. Dabei geht es nicht um die einzelnen Stationen selbst (diese sind immer wichtig), sondern um die Stichworte, die Sie jeweils dazu notiert haben. Versuchen Sie, sich in einen Arbeitgeber hineinzuversetzen. Machen Sie sich bewusst, dass Unternehmen auf Gewinnerzielung ausgerichtet sind. Arbeitgeber müssen letztendlich ihre Einnahmen erhöhen und gleichzeitig ihre Kosten senken.

Betrachten Sie Ihre Stoffsammlung und stellen sich dabei folgende Fragen:

- Welche meiner notierten Punkte sind im Rahmen meines Berufswunschs relevant?
- Welche Punkte können meine Einarbeitungszeit reduzieren?
- Welche Punkte bieten Vorteile für den Chef oder die Firma?
- Was unterscheidet mich dabei von anderen Bewerbern?

Sie dürfen also Ihr berufliches Profil nicht isoliert sehen. Es geht darum, Ihre Kenntnisse und Fähigkeiten zu anderen Jobsuchenden in Relation zu setzen und sich zugleich in die Wünsche von Arbeitgebern hineinzuversetzen.

Einige von Ihnen können in manchen Fällen sicher keine eindeutigen Antworten geben. Das ist durchaus in Ordnung. Insbesondere dann, wenn Ihnen Erfahrungen in der Arbeitswelt fehlen oder Sie schon eine lange Zeit keine Anstellung mehr inne hatten. Falls auch Sie zu dieser Lesergruppe zählen, ist es dennoch wichtig, sich mit diesen Fragen auseinanderzusetzen.

Allein die Tatsache, dass Sie sich mit diesen Themen beschäftigen, wird für eine bessere Selbsteinschätzung sorgen. Dies ist die unbedingte Voraussetzung dafür, um die Machbarkeit Ihrer beruflichen Wünsche realitätsnah bewerten zu können. Darüber hinaus werden Sie sich über die Mechanismen zwischen Angebot und Nachfrage auf dem Arbeitsmarkt sowie Ihren daraus resultierenden Wettbewerb mit anderen Bewerbern bewusst.

Nachdem Sie Ihr Profil fertig bearbeitet haben, können Sie das Ergebnis mit Personen Ihres Vertrauens diskutieren. Achten Sie darauf, nur Menschen zu befragen, die aktuell berufstätig sind bzw. die aus dem gewünschten Tätigkeitsbereich (oder der entsprechenden Branche) stammen. Wenn Sie die Notizen Ihrer Stoffsammlung ausreichend bewertet und besprochen haben, folgt der nächste Schritt:

Streichen Sie alle Punkte aus der Stoffsammlung, die für Ihre angestrebte Tätigkeit nicht relevant sind.

Damit entsteht eine Essenz Ihrer fachlichen Qualifikationen, die Sie später zur Erstellung Ihres tabellarischen Lebenslaufs benötigen.

Auch wenn Sie zu der Lesergruppe zählen, die zu dem Schluss kommt, dass sich das, was sie zu bieten hat, in einem überschaubaren Rahmen bewegt, ist dies nicht sonderlich dramatisch. Schließlich soll diese Selbstanalyse vor allem sicherstellen, dass Sie bei der Bewertung Ihrer Kenntnisse und Fähigkeiten auch wirklich nichts übersehen haben. An anderer Stelle dieses Ratgebers werden Ihnen Techniken vorgestellt, diesen Wettbewerbsnachteil gegenüber erfahreneren Jobsuchenden ausreichend kompensieren zu können.

Ihr Persönlichkeitsprofil

Dieses Kapitel widmet sich Ihren Persönlichkeitsmerkmalen (Softskills). Es ist der zweite Bestandteil Ihres beruflichen Profils. Sie verfügen sicherlich über einige charakterliche Stärken, die für Arbeitgeber interessant sind. Im Folgenden können Sie mögliche Eigenschaften einschätzen:

Persönlichkeitsmerkmale	Sehr gut	Gut	Durchschnittlich	Unterdurchschnittlich	Nicht vorhanden
Allgemeinwissen	☐	☐	☐	☐	☐
Analytische Fähigkeiten	☐	☐	☐	☐	☐
Anpassungsvermögen	☐	☐	☐	☐	☐
Arbeitseffizienz	☐	☐	☐	☐	☐
Ausdrucksfähigkeit	☐	☐	☐	☐	☐
Aufgeschlossenheit	☐	☐	☐	☐	☐
Beobachtungsgabe	☐	☐	☐	☐	☐
Begeisterungsfähigkeit	☐	☐	☐	☐	☐
Blick für das Machbare	☐	☐	☐	☐	☐
Detailtreue	☐	☐	☐	☐	☐
Diplomatisches Geschick	☐	☐	☐	☐	☐
Durchhaltevermögen	☐	☐	☐	☐	☐
Dynamik	☐	☐	☐	☐	☐

Persönlichkeitsmerkmale	Sehr gut	Gut	Durch-schnittlich	Unterdurch-schnittlich	Nicht vorhanden
Durchsetzungsvermögen	☐	☐	☐	☐	☐
Ehrgeiz	☐	☐	☐	☐	☐
Eigeninitiative	☐	☐	☐	☐	☐
Einfühlungsvermögen	☐	☐	☐	☐	☐
Entschlussfähigkeit	☐	☐	☐	☐	☐
Eigenverantwortung	☐	☐	☐	☐	☐
Entscheidungsfreude	☐	☐	☐	☐	☐
Fähigkeit zum Zuhören	☐	☐	☐	☐	☐
Flexibilität	☐	☐	☐	☐	☐
Geduld	☐	☐	☐	☐	☐
Gehobene Umgangsformen	☐	☐	☐	☐	☐
Herzlichkeit	☐	☐	☐	☐	☐
Integrität	☐	☐	☐	☐	☐
Kommunikationsfähigkeit	☐	☐	☐	☐	☐
Kompromissfähigkeit	☐	☐	☐	☐	☐
Kontaktfähigkeit	☐	☐	☐	☐	☐
Kooperationsfähigkeit	☐	☐	☐	☐	☐
Konzentrationsfähigkeit	☐	☐	☐	☐	☐
Kreativität	☐	☐	☐	☐	☐
Kundenorientierung	☐	☐	☐	☐	☐
Lernbereitschaft	☐	☐	☐	☐	☐
Leistungsfähigkeit	☐	☐	☐	☐	☐
Logisches Denkvermögen	☐	☐	☐	☐	☐
Loyalität	☐	☐	☐	☐	☐
Motivation	☐	☐	☐	☐	☐
Optimismus	☐	☐	☐	☐	☐
Organisationsfähigkeit	☐	☐	☐	☐	☐
Positives Denken	☐	☐	☐	☐	☐
Praktische Intelligenz	☐	☐	☐	☐	☐
Qualitätsbewusstsein	☐	☐	☐	☐	☐

Vorbereitung

Persönlichkeitsmerkmale	Sehr gut	Gut	Durch-schnittlich	Unterdurch-schnittlich	Nicht vorhanden
Problemlösungskompetenz	☐	☐	☐	☐	☐
Realitätssinn	☐	☐	☐	☐	☐
Selbstvertrauen	☐	☐	☐	☐	☐
Selbstdisziplin	☐	☐	☐	☐	☐
Selbstständigkeit	☐	☐	☐	☐	☐
Sprachgewandtheit	☐	☐	☐	☐	☐
Stressbeständigkeit	☐	☐	☐	☐	☐
Technisches Verständnis	☐	☐	☐	☐	☐
Teamgeist	☐	☐	☐	☐	☐
Toleranz	☐	☐	☐	☐	☐
Verantwortungsbewusstsein	☐	☐	☐	☐	☐
Überzeugungskraft	☐	☐	☐	☐	☐
Unternehmerisches Denken	☐	☐	☐	☐	☐
Verkäuferisches Geschick	☐	☐	☐	☐	☐
Wirtschaftliches Denken	☐	☐	☐	☐	☐
Zielstrebigkeit	☐	☐	☐	☐	☐

Sind Sie damit fertig, versuchen Sie sich wieder in einen Arbeitgeber hineinzuversetzen. Des Weiteren sollten Sie wieder an Ihre Konkurrenz denken:

■ Welche Merkmale sind in meiner gewünschten Berufstätigkeit relevant bzw. bieten Vorteile für einen Arbeitgeber?

■ Welche Punkte unterscheiden mich von meinen Mitbewerbern?

Im Übrigen gibt die Mehrzahl aller Jobsuchenden in Ihren Anschreiben Teamfähigkeit und Zuverlässigkeit an. Das sind folglich keine einzigartigen Stärken, mit denen Sie sich von anderen Bewerbern abheben können.

Zum Schluss müssen Sie sich wieder entscheiden: Streichen Sie Ihre gefundenen charakterlichen Stärken so lange zusammen, bis sich Ihre Hauptmerkmale herauskristallisieren. Es sollten drei bis sechs Punkte übrig bleiben. Diese übertragen Sie in die folgende Tabelle:

	Charaktereigenschaften
1. Hauptstärke:	
2. Hauptstärke:	
3. Hauptstärke:	
Weiteres Hauptmerkmal:	
Weiteres Hauptmerkmal:	
Weiteres Hauptmerkmal:	

Auch für Ihr Persönlichkeitsprofil sollten Sie andere Menschen um ihre Meinung bitten. Lassen Sie sich ein Feedback geben. Es ist wichtig, dass Sie sich eindeutig und objektiv beschreiben können. Auch falsche Bescheidenheit ist fehl am Platz. In einem Vorstellungsgespräch hat niemand mehr die Zeit, ausführlich zu bohren, um dann doch zu entdecken, dass mehr in Ihnen steckt, als Sie angegeben haben (das gilt auch für die Stärken des fachlichen Teils Ihres Profils).

Ab sofort sollten Sie Ihre persönlichen Stärken im Kopf haben. So können Sie spontan antworten, falls Sie darauf angesprochen werden. Spätestens in einem Vorstellungsgespräch wird das der Fall sein.

Fazit

Es liegen Ihnen jetzt zwei Aufstellungen vor: Die Ihrer fachlichen und die Ihrer charakterlichen Stärken - Ihre Hardskills und Softskills. Sie halten damit Ihr berufliches Profil in den Händen.

Jetzt können Sie besser bewerten, was Sie zu bieten haben – was Ihre Dienstleitung ist, die Sie auf dem Arbeitsmarkt sozusagen gegen Gehaltszahlung verkaufen möchten.

Ihre berufliche Zielfindung wird nun durch zwei Faktoren beeinflusst: Was Sie sich beruflich wünschen und was Sie im Gegenzug dafür zu bieten haben. Je größer die Schnittmenge dieser beiden Faktoren, umso einfacher werden Sie einen Job finden.

Nachdem Sie sich über diesen Zusammenhang Gedanken gemacht haben, können Sie zu der allerersten Tabelle zurückblättern und eventuell die dort (spontan) eingetragenen Wünsche über Tätigkeit, Aufgabenbereich oder Branche korrigieren.

Im Übrigen sichten die meisten Personaler und Entscheidungsträger Bewerbungsunterlagen in der nachstehenden Reihenfolge:

1. Foto und persönliche Daten
2. Lebenslauf
3. Anschreiben
4. Zeugnisse und Zertifikate

Das bedeutet, dem Lebenslauf wird das Hauptinteresse gewidmet. Erst dann, wenn die darin enthaltenen Daten und Fakten akzeptabel erscheinen, wird das Anschreiben überflogen. Zuletzt sind die Zeugnisse und sonstigen Zertifikate dran. Sie dienen in erster Linie dazu, im Lebenslauf gemachte Angaben zu beweisen.

Der tabellarische Lebenslauf ist also der wichtigste Teil Ihrer Unterlagen. Alles kann blitzschnell überflogen werden. Ihr Lebenslauf ist entscheidend dafür, ob Ihre Bewerbung weiter in der Hand behalten oder gleich auf den Stapel „Uninteressant" gelegt wird.

Diese Tatsache, dass viele Betrachter ihr Hauptaugenmerk auf den Lebenslauf richten, wird im Weiteren berücksichtigt: Ihr soeben erarbeitetes berufliches Profil muss strukturiert und repräsentativ also schon aus Ihrem tabellarischen Lebenslauf ersichtlich sein. Diese Aufgabe wird mit dem folgenden nächsten Schritt gleich mit erledigt.

1.2.2. Tabellarischer Lebenslauf

Die Ansichten der Arbeitgeber, wie der Lebenslauf zu gestalten ist, gehen zum Teil weit auseinander. Es wird daher ausdrücklich betont:

Es existieren keine Standards für tabellarische Lebensläufe.

Fragen Sie zu diesem Thema mehrere Fachleute, werden Sie wahrscheinlich genauso viele unterschiedliche Meinungen hören. Selbst dann, wenn man sich bei verschiedenen Mitarbeitern der gleichen Personalabteilung erkundigt, ist es möglich, dass man in einem einzigen Unternehmen gegensätzliche Vorstellungen über Bewerbungsunterlagen zu hören bekommt.

> Ob die Bewerbungsunterlagen als optimal erachtet werden, entscheidet die subjektive Meinung des Betrachters.

Und diese kennen Sie meist nicht. Es gibt allerdings Erfahrungswerte, welche Kriterien erfüllt sein müssen, damit auch unterschiedliche Ansichten zugleich abgedeckt werden können. Demnach besteht die Kunst darin, solche Unterlagen zu erstellen, die möglichst die komplette Bandbreite unterschiedlicher Vorstellungen abdecken.

Dennoch ist Ihr Selbstbewusstsein gefragt. Falls Sie hören, dass die Personaler einiges so und so sehen würden, lassen Sie sich bitte nicht beirren. Diese viel zitierten „Normpersonaler", die angeblich identische Ansichten vertreten würden, gibt es nicht. Zudem müssen Sie damit rechnen, nicht immer auf Profis zu treffen.

> Allein die Tatsache, Ihr berufliches Profil schon im Lebenslauf dokumentiert zu haben, garantiert, Top-Unterlagen zu haben.

Dies vergisst das Gros aller Bewerberinnen und Bewerber. Die Masse lässt mit ihren Unterlagen den Betrachter förmlich im Stich. Es wird zu wenig Inhalt und Aussagekraft und somit dem Leser kein Anlass geboten, sich mit dem Jobsuchenden im Rahmen eines Einstellungsgesprächs unterhalten zu wollen.

Sie hingegen werden Ihr Profil vollständig dokumentiert haben und sicherstellen, dass es schon im Lebenslauf erkennbar ist (später mehr dazu). Dies wird positiv auffallen. Zudem ist es einfach angenehm und zeitsparend, wenn nicht erst Anschreiben, Zeugnisse oder sonstige Belege umständlich durchgearbeitet werden müssen, um sich einen Eindruck über die Bewerberin oder den Bewerber machen zu können. Der Leser muss lediglich einen Blick auf Ihren Lebenslauf werfen und kann dabei alle wichtigen Punkte schnell, übersichtlich und vor allem ganzheitlich aufnehmen. Kommt eine elegante Gestaltung hinzu, entstehen im Ergebnis repräsentative und aussagekräftige Unterlagen. Diese werden alle Ihre Fähigkeiten, Abschlüsse, Erfahrungen, Eigenschaften und sonstigen Kenntnisse professionell darstellen. Schließlich möchten Sie Werbung für sich machen:

> Bewerbungsunterlagen sind nichts anderes als eine Art Werbebroschüre in eigener Sache.

Zu Inhalt, Struktur und Gestaltung des Lebenslaufs werden jetzt einige Empfehlungen gegeben, die in der Praxis erprobt und auf Seiten der Arbeitgeber auf breite Zustimmung gestoßen sind.

Persönliche Daten

Obwohl es im Widerspruch zum Antidiskriminierungsgesetz steht, werden unter „persönliche Daten" noch immer vollständige Angaben erwartet. Damit ist Folgendes gemeint:

- Vorname Nachname
- Geburtsdatum
- Geburtsort
- Familienstand
- Staatsangehörigkeit
- Adresse, Telefon, E-Mail

Wie Ihnen sicher bekannt ist, hat die Onlinebewerbung die klassische Bewerbungsmappe längst abgelöst. Deshalb ist es mittlerweile zweckmäßig, Adresse und Kontaktdaten von den persönlichen Daten zu trennen und als „Kopfzeile" zu formatieren.

Das heißt, auf jeder Seite Ihrer Bewerbungsunterlagen erscheinen gleichermaßen Name, Anschrift, Telefonnummer und E-Mail-Adresse. Falls bei einer Onlinebewerbung Ihre Unterlagen von einem

Empfänger ausgedruckt werden, entsteht lediglich ein Stapel loser Blätter. Sollte versehentlich einmal alles auseinanderfallen, können die jeweiligen Seiten durch die einheitlichen Kopfzeilen wieder schneller zugeordnet werden. Darüber hinaus könnte es sein, dass nur einzelne Seiten herauskopiert oder weiterbearbeitet werden. Unabhängig davon, um welche Seiten es sich handelt, Ihre Kontaktdaten werden so immer präsent sein.

Deckblatt

Ein Deckblatt als erste Seite wird oft verwendet. Darauf sind Ihr Bewerbungsfoto und Ihre persönlichen Angaben zu sehen. Neben dem Vorteil einer repräsentativen ersten Seite hat dies den Effekt, dass mehr Platz auf der Seite des eigentlichen Lebenslaufs zur Verfügung steht. Falls bei Ihnen viele Daten bzw. berufliche Stationen vorhanden sind und dies alles zu gedrängt wirkt, sollten Sie auf jeden Fall ein Deckblatt verwenden.

Sie haben jedoch die Wahlfreiheit: Ob Sie ein Deckblatt verwenden oder nicht, wird kein entscheidender Faktor bei der Bewertung Ihres beruflichen Profils sein. Demnach erscheinen Ihre persönlichen Angaben sowie Ihr Bewerbungsbild entweder auf dem Deckblatt oder (falls Sie keines verwenden) direkt zu Beginn auf der rechten Seite des eigentlichen Lebenslaufs.

Foto

Auch ein Bewerbungsfoto wird von Unternehmen bzw. von dessen Mitarbeitern noch immer erwartet. Auch hier haben wir einen kleinen Widerspruch aufzulösen. Natürlich könnten Sie sich auch hier auf die aktuelle Gesetzeslage berufen (Gleichbehandlungsgesetz) und kein Foto in Ihre Unterlagen integrieren. Dann hätten Sie zwar hundertprozentig Recht, aber auch keine Einladung zu einem Vorstellungsgespräch. Entscheiden Sie selbst.

Räumen Sie Ihrem Bild einen hohen Stellenwert ein. Bedenken Sie, dass auch Personaler oder sonstige Entscheidungsträger gängigen menschlichen Verhaltensmustern unterliegen.

Das Bewerbungsfoto wird in der Regel als Erstes betrachtet.

Unterschätzen Sie diesen Punkt nicht. Sparen Sie deshalb nicht an der falschen Stelle. Ihr Bild sollte durch einen Profi erstellt werden. Lassen Sie sich mehrere Varianten anfertigen. Wählen Sie dann dasjenige Foto aus, auf dem Sie die positivste und vor allem vertrauenswürdigste Wirkung erzielen (bitte nicht mit Attraktivität verwechseln). Meist können Außenstehende dies objektiver bewerten als Sie selbst. Zeigen Sie Ihre Fotos deshalb großzügig anderen Menschen und holen Sie sich mehrere Meinungen ein.

Im Übrigen überwiegen die Farbaufnahmen. Doch auch hier gibt es keine eindeutige Regel. Selbstverständlich können Sie auch Schwarz-Weiß-Fotos verwenden. Grundsätzlich gilt: Je konservativer die Arbeitgeberzielgruppe, desto eher sollte zum Farbbild gegriffen werden. Für moderne beziehungsweise jugendliche Branchen ist es unerheblich, ob Sie sich für die Schwarz-Weiß- oder die Farbvariante entscheiden.

Ihr Foto sollte zudem digital vorliegen. Drohende Qualitätsverluste aufgrund des Einscannens von Bildern können so vermieden werden.

Lassen Sie sich von Ihrem Fotografen das Foto auf einer DVD/CD oder einem USB-Stick aushändigen.

So können Sie Ihr Foto als Bilddatei direkt in Ihren Lebenslauf einfügen (MS Word: Menüleiste/EINFÜGEN/GRAFIK AUS DATEI EINFÜGEN). Nur noch selten werden Bewerbungsfotos geklebt. Auch wenn der nostalgische Fall eintreten sollte, dass noch eine klassische Bewerbungsmappe erwünscht wird und Sie Ihre Unterlagen inklusive Foto ausdrucken müssen, ist die Qualität der heutigen Dru-

Luca Rohleder

cker völlig ausreichend, um auf das Einkleben Ihres Bildes verzichten zu können.

Gliederung

Die einzelnen Stationen des Lebenslaufs sind zu gliedern. Die Übersichtlichkeit wird dadurch deutlich erhöht. Die nachstehenden Vorschläge für mögliche Gliederungspunkte müssen Sie allerdings auf Ihre spezifische Situation abstimmen, indem Sie diese zusammenfassen, streichen oder ergänzen:

- Beruflicher Werdegang
- Schule und Berufsausbildung
- Fort- und Weiterbildungen
- Praktika
- PC-Kenntnisse
- Sprachkenntnisse
- Persönliche Eigenschaften
- Sonstige Kenntnisse und Fähigkeiten

Am Ende des Lebenslaufs erscheinen dann das Datum und Ihre Unterschrift. Im Fall von Onlinebewerbungen ist das Scannen von Unterschriften nicht zwingend erforderlich. Sie können Ihren Namen auch maschinenschriftlich schreiben. So brauchen Sie fremden Personen Ihre Unterschrift nicht in digitaler Form zur Verfügung zu stellen. Ob Scannen oder nicht - Sie haben auch hier die Wahlfreiheit.

Konkretisierung der Lebenslaufstationen

Zu viele Bewerber verzichten darauf, Ihre einzelnen Lebenslaufstationen näher zu beschreiben. Sie hingegen sollten das unbedingt tun.

Fügen Sie bei den jeweiligen Lebenslaufstationen weiterführende Unterpunkte ein.

Die Beachtung dieser Empfehlung bringt enorme Vorteile. So können Sie den Wunsch der Arbeitgeberseite nach Aussagekraft ideal erfüllen. Je mehr Informationen Sie bereits im Lebenslauf bieten, desto einfacher kann sich der Leser einen Überblick über Ihr gesamtes Profil verschaffen. So können Ihre Unterlagen schnell gesichtet werden, und man muss sich nicht umständlich einarbeiten.

Jetzt wissen Sie, wie Sie Ihre Ergebnisse aus der Analyse Ihres Profils in den Lebenslauf einarbeiten können. Ihre Notizen (Stoffsammlung) zu den einzelnen Lebenslaufstationen ergeben praktisch die jeweiligen Unterpunkte.

Chronologie und Zeitangaben

Im Hinblick auf die Chronologie hat sich mittlerweile der „amerikanische Stil" durchgesetzt:

> Ihr Lebenslauf startet mit Ihrem aktuellen Status, wird zeitlich absteigend fortgeführt und endet mit der Schulbildung.

Natürlich kann auch der konservative „deutsche Stil" (chronologisch umgekehrte Reihenfolge) verwendet werden. Schließlich gibt es keine allgemein anerkannten Standards zum Thema tabellarischer Lebenslauf. Dennoch wird zur „amerikanischen Variante" geraten. Sie ist einfach zeitgemäßer.

Weiterhin sollte Ihr Lebenslauf lückenlos sein. Falls längere Zeiträume unklar bleiben, besteht beim Leser die Neigung, nichts Positives (z.B. Haft, Drogenentzug, Burnout, Schwarzarbeit, chronische Krankheiten o.Ä.) in die nicht vorhandenen Angaben hineinzuinterpretieren.

> Stellen Sie die chronologische Lückenlosigkeit inklusive Monatsund Jahresangaben sicher.

Im Umkehrschluss müssen Sie es aber auch nicht übertreiben. Zeiträume, die kürzer als drei Monate sind, können Sie unbesorgt vernachlässigen. Ebenso ist es nicht erforderlich, dass Sie Ihre Stationen tagesgenau dokumentieren. Tagesangaben verschlechtern die Übersichtlichkeit des Layouts und erzielen keine zusätzliche Aussagekraft.

Verzichten Sie möglichst darauf, lediglich Jahreszahlen (also ohne Monatsangaben) für Beginn und Ende einer Lebenslaufstation zu nennen. Es ist hinlänglich bekannt, dass sich nur solche Bewerber ausschließlich auf Jahresangaben beschränken, die so einige Lücken verschleiern möchten. Jedoch könnte es auch sein, dass Ihre Lücken so zahlreich sind, dass Ihnen dann nichts anderes übrigbleibt, als nur Jahresangaben anzugeben. Sie haben also abzuwägen.

Grafik und Gestaltung

Je einfacher Ihr Lebenslauf für einen Leser nachzuvollziehen ist und je schneller Ihre Kernkompetenzen erkennbar sind, desto besser.

> Berücksichtigen Sie, dass der Betrachter Ihrer Unterlagen
> eventuell unter erheblichem Zeitdruck steht.

Sind Ihre Bewerbungsunterlagen komplett, führen Sie einen kleinen Test durch: Zeigen Sie Ihren Lebenslauf einer anderen Person nur 30 Sekunden lang. Danach befragen Sie ihn, über welche Abschlüsse, Berufserfahrungen und sonstigen Kenntnisse Sie verfügen. Kommen keine Gegenfragen und zudem richtige Antworten, haben Sie in Sachen Übersichtlichkeit gute Arbeit geleistet.

Es ist übrigens ratsam, die Seiten Ihrer Bewerbungsunterlagen nicht mittig zu formatieren. Sie sollten berücksichtigen, dass das Ganze eventuell abgeheftet wird. Entweder durch Sie, wenn Sie die Ausdrucke in eine Bewerbungsmappe einordnen, oder durch den Arbeitgeber, wenn Sie sich online beworben haben. Demnach sollte der linke Rand der Seite größer als der rechte sein (z.B. links: 3 cm und rechts 2 cm). Eingeheftet wirken Ihre Unterlagen dann wieder zentriert. Darüber hinaus sind so die linksseitigen Textanfänge besser lesbar.

In Grafik und Gestaltung haben Bewerbungsunterlagen mittlerweile ein recht hohes Niveau erreicht. Natürlich können Sie sich daran anpassen. Allerdings ist eine aufwendige grafische Gestaltung auch immer eine Gratwanderung.

Einerseits sollten Ihre Bewerbungsunterlagen positiv auffallen, andererseits sollten sie nicht den Eindruck hinterlassen, dass Sie Ihre Chancen auf dem Arbeitsmarkt eher schlecht einschätzen. Denn gefragte Kandidaten haben es üblicherweise nicht nötig, mit ihren Bewerbungsunterlagen viel Aufwand zu betreiben. Demgemäß sollten Sie vermeiden, aus Ihren Unterlagen ein gestalterisches Kunstwerk machen zu wollen (das tun in der Regel nur solche Bewerber, die Ihre Chancen als aussichtslos bewerten oder schon eine hohe Zahl von Absagen kassiert haben).

Es gibt also keinen Anlass, zu viel Zeit und Mühe in die grafische Formatierung zu investieren (Ausnahme: kreative und gestalterische Berufe).

Im Zweifelsfall gestalten Sie Ihre Unterlagen eher sachlich.

Sie werden übrigens Ihren neuen Job finden, weil Sie in erster Linie neue Bewerbungstechniken anwenden und nicht deshalb, weil Sie sich zum Spezialisten für die grafische Gestaltung von Bewerbungsunterlagen entwickelt haben.

Musterbeispiele

Unabhängig davon, für welche Art und Weise der Gestaltung Ihrer Dokumente Sie sich entscheiden, wenn Sie die bisherigen Ratschläge befolgen, können Sie unbesorgt davon ausgehen, dass Sie die überwiegende Mehrheit unterschiedlicher Auffassungen in Bezug auf Bewerbungsunterlagen abgedeckt haben.

Zur Verdeutlichung der bisherigen Erläuterungen sehen Sie jetzt einige wenige Beispiele für Lebensläufe. Selbstverständlich sind noch unzählig weitere Varianten möglich.

Luca Rohleder

Sabine Mustermann
Musterweg 1 10000 Musterau Telefon: 0 30 / 1 23 45 Mobil: 01 23 / 1 23 45 67 E-Mail: muster@mail.de

Bewerbung

Sabine Mustermann | Name
TT. Monat JJJJ | Geburtsdatum
Musterheim | Geburtsort
Ledig | Familienstand
Deutsch | Staatsangehörigkeit

Inhalt: | Tabellarischer Lebenslauf
| Zeugniskopien
| Zertifikate

Beispiel 1: Wiedereinsteigerin, Seite 1 von 2

Sabine Mustermann
Musterweg 1   10000 Musterau   Telefon: 0 30 / 1 23 45   Mobil: 01 23 / 1 23 45 67   E-Mail: muster@mail.de

Lebenslauf

Beruflicher Werdegang	
seit 01/2018	**Bewerbungsphase**
01/2015 - 12/2017	**Kindererziehung**
05/2007 - 12/2014	**Assistentin der Geschäftsleitung bei Muster AG, Musterstadt** • Preiskalkulation von IT-Dienstleistungen • Angebotserstellung in Deutsch und Englisch • Prüfen der Geschäftsbedingungen nationaler und internationaler Lieferanten • Kontrolle und Terminkoordination des Verkaufsteams • Kundenempfang und -betreuung • Liquiditätskontrolle, Bankvollmacht, Kassenführung
03/2005 - 04/2007	**Vertriebsassistentin bei Musterpharma GmbH, Musterberg** • Beschaffung und Bestandskontrolle von Werbemitteln • Organisation und Durchführung von Kundenevents
08/2001 - 02/2005	**Bürokauffrau bei Musterfima, Musterheim** • Komplette Bandbreite üblicher Büroarbeiten
Schule und Berufsausbildung	
09/1999 - 07/2001	**Berufsausbildung bei Musterfirma, Musterheim** • Abschluss: Bürokauffrau
09/1994 - 08/1999	**Musterholtz-Realschule, Musterheim** • Abschluss: Mittlere Reife (Note: 2,0)
Fort- und Weiterbildungen	• ECDL (Europäischer Computerführerschein) an der Musterakademie (2010) • Qualifizierung zur Finanzassistentin bei ABC AG (2014) • Business-Englisch an der Musterschule Musterstadt (2007) • VHS-Englischkurse (zurzeit Level XY, 2015 bis heute) • 123-Zertifikat am Musterinstitut (2005)
Sonstige Fähigkeiten und Kompetenzen	• MS Office • SAP R/3 • Verhandlungssicheres Englisch in Wort und Schrift • Französisch, Grundkenntnisse • Führerschein Klasse B
TT.MM. JJJJ	*Sabine Mustermann*

Beispiel 1: Wiedereinsteigerin, Seite 2 von 2

Luca Rohleder

Thomas Muster
Muster-Beispiel-Straße 100 • 6800 Musterdingen
Telefon: 0 12 34 - 2 34 56 78 • E-Mail: thomas.muster@mail.ch

Lebenslauf

Name:	**Thomas Muster**
Geburtsdatum:	**TT. Monat JJJJ**
Geburtsort:	**Musterberg**
Nationalität:	**Schweizer**
Familienstand:	**Verheiratet**

Beruflicher Werdegang

01/2018 - heute — **Nebenberufliche Qualifizierung zum staatlich anerkannten Netzwerk-Administrator (IHK) an der IT-Musterschule, Musterdorf**
• Voraussichtlicher Abschluss: 07/2019

08/2007 - heute — **Sachbearbeiter bei der Konzern AG, Musterstadt**
• Mitbetreuung eines PC-Netzwerks
• Betriebsinterner EDV-Sicherheitsbeauftragter
• Auftragsabwicklung von Multimedia-Dienstleistungen
• Preiskalkulationen mit Angebotserstellung in Deutsch und Englisch
• Prüfen der Geschäftsbedingungen nationaler und internationaler Kunden
• Erster Ansprechpartner für Mitarbeiter bei Soft- oder Hardwareproblemen

10/2003 - 05/2007 — **Einkäufer bei Firma GmbH & Co. KG, Musterau**
• Beschaffung und Bestandskontrolle von elektronischen Teilen, Baugruppen und Geräten
• Liefer- und Liquiditätskontrolle

Schule und Berufsausbildung

09/2001 - 07/2003 — **Berufsausbildung bei Firma GmbH & Co. KG, Musterau**
• Abschluss: Industriekaufmann

09/2000 - 08/2001 — **Muster-Realschule, Musterau**
• Abschluss: Mittlere Reife
• Teilnahme am städtischen Projekt „Jedem Schüler ein PC"

09/1995 - 08/2000 — **Muster-Hauptschule, Musterau**
• Hauptschulabschluss

Beispiel 2: Umschüler, Seite 1 von 2

Thomas Muster
Muster-Beispiel-Straße 100 • 6800 Musterdingen
Telefon: 0 12 34 - 2 34 56 78 • E-Mail: thomas.muster@mail.ch

PC-Kenntnisse

Sprachen:
- HTML
- XML/XSLT
- XHTML/CSS/DOM
- TeX/LaTeX
- C#
- C/C++

Bibliotheken:
- Microsoft NET und Frameworks
- VisionEgg
- PyOpenGL
- Numerical Python

Betriebssysteme:
- Microsoft Windows (9x, NT, 2000, XP, 7)
- Debian Linux (Sarge, Etch)
- Mac OS X (Tiger, Leopard)

Sonstiges:
- MS Office
- MS Visio
- Adobe Photoshop
- Adobe Illustrator

Fremdsprachen

- (Wirtschafts-)Englisch, sicher in Wort und Schrift
- Schwedisch, Basis-Kenntnisse
- Italienisch (zurzeit an der VHS Musterberg), Anfänger-Status
- Muttersprache: Deutsch

Fortbildungen

- Ferienakademie zum Management unter Prof. Dr. Karl Muster
- Verhandlungstraining und Präsentationstechnik
- GMPK Fallstudien (Musterich Unternehmenstage)
- Musterakademie: „Corporate Online-Banking"
- Muster AG: Projekt-Simulation (ABC)

Sonstige Kenntnisse und Kompetenzen

- Führerschein Klasse B
- Sicherheitsbeauftragter nach § ABC, 2
- Aktives Mitglied im PC-Musterverein, Musterberg
- Private Entwicklung von PC-Spielen

TT. Monat JJJJ   *Thomas Muster*

Beispiel 2: Umschüler, Seite 2 von 2

Max Mustermann
Muster-Straße 12 • 8008 Musterort • Mobil: 01 23 / 12 34 56 • E-Mail: max.mustermann@email.at

Bewerbung

Max Mustermann

Geburtsdatum:	TT. Monat JJJJ
Geburtsort:	Musterstadt
Familienstand:	Ledig
Staatsangehörigkeit:	Österreicher

Zertifikate
Zeugniskopien
Tabellarischer Lebenslauf

Beispiel 3: Einsteiger, Seite 1 von 2

Max Mustermann
Muster-Straße 12 • 8008 Musterort • Mobil: 01 23 / 12 34 56 • E-Mail: max.mustermann@email.at

Lebenslauf

Schule und Berufsausbildung

02/2018 - heute **Arbeitsuchend**

09/2014 - 01/2018 **Berufsausbildung bei Musterkette AG in der Filiale Musterstadt**
• Abschluss: Hörgeräteakustiker (mit Auszeichnung)
• Praxiseinsatz während der Ausbildungszeit:
- Zeitweise Stellvertretung des Filialleiters
- Kundenberatung und Verkauf
- Durchführung von Hörtests
- Inventuren und Messebesuche
- Teilnahme bei Lieferantengesprächen
- Mitorganisation vom „Tag der offenen Tür"
- Marketingaktionen, z.B. Kundenmailings und Preisausschreiben

09/2008 - 08/2014 **Muster-Realschule in Musterberg**
• Abschluss: Mittlere Reife
• Teilnahme am Schulprojekt „XYZ"
• Abschlussnote 1,9

PC-Kenntnisse

• MS Office und MS Windows (bis 7)
• SAP/R3
• Adobe Photoshop und Acrobat
• PC-Hardware, gute Grundkenntnisse

Persönliche Eigenschaften

• Überzeugende Kontakt- und Kommunikationsfähigkeit
• Selbstständiges, konzentriertes und systematisches Arbeiten
• Ausgeprägte Service- und Kundenorientierung
• Unternehmerisches Denken und Handeln
• Herzlichkeit und Hilfsbereitschaft

Sonstige Fähigkeiten und Kompetenzen

• Gute Englischkenntnisse in Wort und Schrift
• Business-Englisch-Zertifikat, Musterschule, 05/2009
• Führerschein Klasse B
• XY-Schein nach ISO 0000
• Aktives Mitglied in der Hörgerätevereinigung ABC in Musterheim

TT. MM. JJJJ   *Max Mustermann*

Beispiel 3: Einsteiger, Seite 2 von 2

Bewerbung

als
Sachbearbeiterin des Qualitätsmanagements

Sabine Mustermann

geb. am TT. Monat JJJJ
in Musterstadt
verheiratet, 1 Kind
deutsch

Sabine Mustermann, Muster-Straße 1, 68000 Musterstadt, 0 62 02 1 23 45 67, musterfrau@email.de

Beispiel 4: Auszeit, Seite 1 von 2

Lebenslauf

Berufstätigkeit

01/2016 - aktuell	**Auszeit, Fortbildungen, Pflege Angehöriger**
09/2009 - 11/2015	**Sachbearbeiterin bei Pharma GmbH in Musterdorf** ○ Abwicklung und Konzeption des Qualitätsmanagements ○ Erstellung und Bearbeitung der Korrespondenz ○ Versand von Waren per Spedition und Paketdienste ○ Ansprechpartnerin für alle Produktlinien ○ Erstellung von Präsentationen ○ Termin- und Reisemanagement
07/2008 - 08/2009	**Familienpause**
11/2002 - 06/2008	**Sachbearbeiterin bei Billig AG in Sanddorf** ○ Auftragserfassung, Rechnungserstellung ○ Kontrolle von Eingangsrechnungen ○ Erstellung und Bearbeitung der Korrespondenz ○ Anfertigung von Statistiken und Tabellen mit MS Excel
04/2001 - 10/2002	**Servicemitarbeiterin bei A&B GmbH in Musterdorf** ○ Ansprechpartnerin der Reiseinformation ○ Planung und Ausgabe von Gruppen- und Firmenfahrkarten
09/2000 - 03/2001	**Fahrkartenverkäuferin bei Muster AG in Musterdorf**

Fortbildungen

09/2008 - 11/2008	**Business Englisch bei der Dr. Seminare GmbH in Schwetzdorf** ○ Abschluss: Zertifikat „Bermuster Sprachdienste"
12/1998 - 01/1999	**Betriebsinterne Fortbildung für Fach-Englisch bei der Muster-Bahn AG in Musterruhe** ○ Abschluss: Zertifikat „Muster-Bahn-Englisch"

Schule und Berufsausbildung

09/1998 - 07/2000	**Ausbildung bei der Muster-Bahn AG in Musterau** ○ Abschluss: Kauffrau im Eisenbahn- und Straßenverkehr
09/1996 - 07/1998	**Friedrich-Gymnasium in Musterruhe** ○ Abschluss: Fachhochschulreife
09/1989 - 07/1996	**Internationale Gesamtschule in Musterberg** ○ Abschluss: Mittlere Reife

Monat JJJJ   *Sabine Mustermann*

Beispiel 4: Auszeit, Seite 2 von 2

Suna Musterfrau Musterparkstraße 23 90000 Musterstadt Mobil: 0123 456789012

Lebenslauf

Name:	**Suna Musterfrau**
Geburtsdaten:	**TT. Monat JJJJ**
Geburtsort:	**Örnekkent**
Familienstand:	**ledig**
Staatsangehörigkeit:	**türkisch**

Beruflicher Werdegang

12.2002 - aktuell **Filialleiterin bei Muster-Modehaus AG, Musterheim**
- Beratung und Verkauf von Damenoberbekleidung
- Zirka 400 qm Verkaufsfläche
- Personalverantwortung für zirka 25 Mitarbeiter
- Sortimentsauswahl und Flächenplanung
- Warenbeschaffung bei zirka 30 Lieferanten
- Messebesuche und Lieferantengespräche
- Regelmäßiges Übertreffen von Umsatzvorgaben

12.2001 - 11.2002 **Auslandsaufenthalte sowie arbeitssuchend**

02.1989 - 11.2001 **Stellvertretende Filialleiterin bei Muster GmbH, Musterfurt**
- Beratung und Verkauf von Damenoberbekleidung
- Verantwortung für eine Verkaufsfläche (zirka 300 qm)
- Personaleinsatzplanung für bis zu 13 Mitarbeiter
- Eigenverantwortliche Kassenabrechnung
- Teilweise selbstständige Preisfindung

03.1980 - 11.1988 **Modeberaterin bei Muster-House, Musterstadt**
- Beratung und Verkauf von Damenoberbekleidung

Schule & Berufsausbildung

09.1977 - 02.1980 **Berufsausbildung zur Verkäuferin bei Boutique, Musterheim**
- Ohne Abschluss

09.1972 - 07.1977 **Muster-Hauptschule in Musterheim**
- Hauptschulabschluss

Sonstige Kenntnisse & Fähigkeiten

- Englisch, Grundkenntnisse
- MS Word und MS Excel
- Hobby: Schneidern von Damenmode

Monat JJJJ   *Suna Musterfrau*

Beispiel 5: 45plus, Seite 1 von 1

1.2.3. Bewerbungsanschreiben

Thema dieses Ratgebers ist der „Verdeckte Stellenmarkt". Dies bedeutet, Sie bewerben sich, ohne ein konkretes Stelleninserat vorliegen zu haben.

Die allgemeine Anforderung, dass das Bewerbungsanschreiben individuell auf die ausgeschriebene Arbeitsstelle eingehen sollte, kann in diesem Fall nicht umgesetzt werden. An anderer Stelle erhalten Sie zwar Strategien, um nähere Informationen über eine unveröffentlichte Position zu erhalten, dennoch müssen Sie mehr oder weniger auf ein Anschreiben zurückgreifen, das einer standardisierten Mustervorlage ähnelt.

Um der Vollständigkeit willen soll noch erwähnt werden, dass es viele Entscheidungsträger gibt, die Anschreiben wenig Glauben schenken. Sie überfliegen sie nur oder lesen sie im Extremfall überhaupt nicht.

Diese Problematik betrifft Sie nicht. Sie haben bereits in Ihrem Lebenslauf alle wichtigen Daten und Fakten untergebracht. Falls auch Ihr Anschreiben unberücksichtigt bleiben sollte, wird dem Leser durch die Unterpunkte in Ihrem Lebenslauf dennoch die volle Bandbreite Ihrer Fähigkeiten und Kenntnisse geboten.

Das Anschreiben ist jedoch ein offizieller Bestandteil von Bewerbungsunterlagen. Zudem kennen Sie die individuellen Ansichten des Empfängers über dessen Wichtigkeit nicht. So bleibt uns nichts anderes übrig, als uns mit dem Thema professionell zu befassen. Schließlich besteht in diesem Werk der Anspruch, auch gegensätzliche Auffassungen auf der Arbeitgeberseite abzudecken.

Auf den folgenden Seiten erhalten Sie eine Art Baukastensystem mit passenden Formulierungen. Damit können Sie Bewerbungstexte elegant entwickeln und schnell auf Ihre Situation sowie auf den jeweiligen Bewerbungsfall abstimmen (falls möglich). Eine Strukturierung des Bewerbungsanschreibens in sechs Themenblöcke hat sich in der Praxis bewährt:

Luca Rohleder

1. Teil:	Briefkopf, Betreffzeile
2. Teil:	Anlass, positive Einleitung
3. Teil:	Fachliche Stärken
4. Teil:	Charakterliche Stärken
5. Teil:	Individuelle Besonderheiten
6. Teil:	Schlusssatz

Im Übrigen werden an anderer Stelle dieses Buchs noch die spezifischen Bewerbungstechniken für den „verdeckten Stellenmarkt" vorgestellt. Dabei wird im Vorfeld der Kontakt mit dem potenziellen Arbeitgeber notwendig sein. Diese Tatsache setzen die nun folgenden Textmodule bereits voraus.

Die Einzelteile des Bewerbungsanschreibens werden nun im Detail vorgestellt.

1. Briefkopf und Betreffzeile

Ihr Absender steht oben links zu Beginn Ihres Anschreibens. Die Kontaktdaten (Telefonnummer und E-Mail) sollten miteinbezogen werden. Das Datum (heute ohne Ortsangabe) steht in der ersten Zeile oben rechts. In der neunten Zeile erscheint dann die Adresse des Empfängers.

Achten Sie darauf, dass Sie die vollständige bzw. offizielle Unternehmensbezeichnung verwenden (die genaue Firmierung ist immer im

„Impressum" der Firmenhomepage zu finden). Das ist das Mindestmaß an Höflichkeit. Sie sollten sich dafür interessieren, wie das Unternehmen tatsächlich heißt bzw. welche Gesellschaftsform gewählt wurde.

Der Ansprechpartner wird im Adressblock an zweiter Stelle nach der Firmenbezeichnung genannt. Das Kürzel „z.Hd." wird heute nicht mehr verwendet. Ein paar Zeilen später erscheint schließlich der Betreff (ohne die veraltete Abkürzung „Betr.:").

Grundsätzlich müssen Sie damit rechnen, dass die Person, die Sie anschreiben möchten, nicht diejenige ist, die als Erste Ihren Text liest bzw. bearbeitet. Zudem könnte der Empfänger mit einer Vielzahl an Bewerbungen konfrontiert sein. Stellen Sie deshalb einen geringstmöglichen Zeitaufwand für den Leser sicher:

- Begriffe wie „Bewerbung", „bewerben" o.Ä. sollten schon in der Betreffzeile auftauchen, damit auf einen Blick klar ist, dass es sich um eine Bewerbung handelt.

- Nennen Sie immer die Position (oder den Aufgabenbereich), auf die/den Sie sich bewerben möchten.

- Falls vorab ein Kontakt stattgefunden hat, beziehen Sie sich darauf und geben Sie das Datum an, wann dieser war.

- Konnten Sie im Vorfeld nicht direkt mit Ihrem zuständigen Ansprechpartner kommunizieren, nennen Sie die Person, mit der Sie stattdessen Kontakt hatten.

Bereits durch die Betreffzeile sollte dem Leser klar sein, und zwar ohne den weiteren Text lesen zu müssen, dass Sie sich und worauf Sie sich bewerben möchten. Ebenso muss geklärt sein, warum Sie auf die Idee gekommen sind, dem Empfänger etwas zuzusenden (z.B. Telefonat mit Herrn/Frau XY). Nur so kann akzeptiert werden, dass Sie quasi berechtigt sind, die Zeit des Lesers einzufordern.

Im Übrigen wird die Betreffzeile in der gleichen Schriftgröße wie das übrige Anschreiben formatiert. Sie ist lediglich fett hervorgehoben. Ebenso ist es durchaus erlaubt, zwei Zeilen zu verwenden.

Danach folgt (nach zwei Leerzeilen Abstand) die übliche Anrede „Sehr geehrte Frau XY" oder „Sehr geehrter Herr XY", die mit einem

Komma abgeschlossen wird. Dann folgt eine weitere Leerzeile, und Ihr eigentlicher Text beginnt. In Österreich und Deutschland ist der erste Satz die Fortführung der Anrede. Demnach gilt für den Beginn des ersten Satzes die Kleinschreibung

Nur in der Schweiz verhält sich dies mit der Groß- und Kleinschreibung etwas anders. Die Anrede wird dort nicht mit einem Komma abgeschlossen. Deshalb geht es danach mit der Großschreibung aufgrund eines Satzanfangs weiter.

2. Anlass und positive Einleitung

Ihr eigentlicher Text startet nun. Grundsätzlich sollten in Ihrem Anschreiben keine Floskeln enthalten sein. Eine Ausnahme dürfen die ersten Sätze sein.

Es entspricht den gängigen Umgangsformen, einen Brief mit einem höflichen, freundlichen Einstieg zu beginnen (obwohl niemand auf die Idee kommt, das für bare Münze zu nehmen). Vergleichbar ist dies mit dem Smalltalk zu Beginn eines persönlichen Gesprächs.

Wenn dem Leser auffällt, dass Sie sich über Ihren potenziellen Arbeitgeber informiert haben, ist das eine weitere positive Aufmerksamkeit. Darüber hinaus müssen Sie im ersten Teil Ihres eigentlichen Textes den in der Betreffzeile genannten Anlass konkretisieren.

> Im ersten Abschnitt sollte ein positiver Bezug zum Ansprechpartner, zum Unternehmen oder zu einer sonstigen Situation hergestellt werden.

Fällt Ihnen dazu nichts Besonderes ein, sollten Sie sich nicht mit Gewalt irgendetwas aus den Fingern saugen. Ein einfacher, freundlicher Satz ist dann völlig in Ordnung.

Es werden nun beispielhaft einige mögliche Einstiegsformulierungen aufgezählt. Suchen Sie sich ein oder zwei Textmodule heraus und modifizieren Sie diese dann entsprechend Ihrer spezifischen Bewerbungssituation:

... zunächst vielen Dank für die prompte Antwort auf meine Anfrage. Ihr Unternehmen ist Marktführer im Bereich .... , deshalb bewerbe ich mich sehr gerne um eine Position als ...

... herzlichen Dank für die freundlichen Worte in Ihrer E-Mail. Ihr Angebot, mich bei Ihnen bewerben zu können, hat mich sehr gefreut.

... unser Gespräch am TT.MM.JJJJ auf der Messe XYZ war für mich sehr interessant. Vielen Dank, dass Sie mir das Angebot machten, mich bei Ihnen bewerben zu können.

... zunächst herzlichen Dank für das informative Gespräch. Sehr gerne sende ich Ihnen meine Bewerbungsunterlagen zu.

... vorab möchte ich mich für das angenehme Telefongespräch bedanken. Gerne nehme ich Ihr Angebot wahr, Ihnen meine Bewerbungsunterlagen zuzusenden.

... sehr gerne würde ich in Ihrem Unternehmen tätig sein. Im Übrigen ist mir Ihre Internetseite positiv aufgefallen, weil ...

... mein Telefonat mit Herrn Muster war sehr informativ. Er empfahl mir, Ihnen meine Unterlagen zuzusenden.

... sehr gerne sende ich Ihnen meine vollständigen Bewerbungsunterlagen als PDF-Datei zu

... zunächst vielen Dank, dass Sie sich am .... Zeit für mich genommen haben. Wie vereinbart, sende ich Ihnen meine Kurzbewerbung zu.

Selbstverständlich können Sie einzelne Formulierungen auch nur teilweise verwenden, kürzen oder kombinieren. Nach den einleitenden Worten ist es allerdings an der Zeit, Fakten folgen zu lassen.

3. Vorteile Ihres fachlichen Profils

Verzichten Sie ab jetzt auf Floskeln. Geschwollene und aufgesetzt wirkende Formulierungen oder komplizierte Schachtelsätze können Sie sich ebenfalls sparen. Denken Sie immer daran, dass der Leser womöglich tagtäglich zahlreiche Anschreiben zu lesen hat.

Einfache und eindeutige Sätze, warum Sie der richtige Kandidat für den Arbeitgeber sind, sind eher angebracht. Dafür können Sie die

Ergebnisse aus der Analyse Ihres fachlichen Profils hervorragend einsetzen. Zählen Sie jedoch nur die wichtigsten Fakten auf. Versetzen Sie sich dabei in die Lage des betreffenden Unternehmens. Welche Punkte aus Ihrem Profil könnten für die beworbene Stelle interessant sein?

Beachten Sie während des Formulierens, dass Sie in einem Vorstellungsgespräch darauf angesprochen werden könnten. Sie sollten schon beim Verfassen Ihres Anschreibens Ihre Aussagen gedanklich begründen können.

Im Folgenden werden wieder einige Textmodule aufgezählt. Suchen Sie sich einige Varianten aus, die nicht zu weit von Ihrem natürlichen Sprachgebrauch entfernt sind. Natürlich können Sie auch eigene Ideen einfließen lassen. Grundsätzlich ist mit Ihrem wichtigsten fachlichen Nutzen, Ihrem Berufsabschluss, zu beginnen:

> Meine Berufsausbildung zum/zur .... konnte ich mit einer Gesamtnote von .... abschließen.
>
> Ich verfüge über den Berufsabschluss als ....
>
> Zudem biete ich Ihnen die Zusatzqualifikation ....
>
> Ebenso kann ich erste praktische Erfahrungen in den Bereichen .... , ... und .... vorweisen.
>
> Meine Praxiskenntnisse in .... und .... konnte ich während meiner Tätigkeit als .... erwerben
>
> Mein Aufgabengebiet umfasste die Tätigkeiten ...., ... und ....
>
> Meine nebenberufliche Qualifizierung zum/zur .... werde ich voraussichtlich MM/JJJJ erfolgreich abschließen.
>
> Vor meiner Umschulung war ich als .... tätig. Dadurch lernte ich die Themengebiete .... praxisorientiert kennen.
>
> Meine Berufsausbildung zum/zur .... hatte den fachlichen Schwerpunkt .... So konnte ich erste Erfahrungen in den Bereichen .... sammeln.
>
> Schon während meiner Ausbildungszeit konnte ich viele Praxiskenntnisse sammeln. Sie betrafen die Tätigkeiten ....

Der tägliche Umgang mit .... und .... gehört für mich zur Selbstverständlichkeit.

Zu meinen Aufgaben zählten dabei auch die Bearbeitung ....

Meine ersten praktischen Erfahrungen konnte ich auf den Gebieten .... sammeln.

Durch mein Engagement im Bereich .... habe ich bewiesen, dass ich in der Lage bin, ...

Ich wurde bereits während meiner Ausbildungszeit mit den Tätigkeiten .... , ... und .... betraut. Dabei konnte ich meine theoretischen Kenntnisse sehr gut in die berufliche Praxis umsetzen.

Durch ein Praktikum bei .... konnte ich mir Kenntnisse auf den Gebieten .... und .... aneignen. Primär ging es dabei um .... und ....

Im Übrigen war ich auch mit der Bearbeitung von .... beauftragt. So biete ich Ihnen schon jetzt Berufserfahrungen in ....

etc.

Falls Sie ein/e Berufseinsteiger/in sind und zudem vor oder während Ihrer Berufsausbildung keine erwähnenswerten Praxiskenntnisse sammeln konnten, nennen Sie einfach Ihren (voraussichtlichen) Berufsabschluss. Gegebenenfalls können Sie noch einige fachliche Schwerpunkte (und/oder Besonderheiten) während Ihrer Ausbildungszeit aufzählen. Der inhaltliche Schwerpunkt Ihres Anschreibens entspricht dann mehr den Vorteilen Ihres Persönlichkeitsprofils.

4. Vorteile Ihres Persönlichkeitsprofils

An dieser Stelle hat der Betrachter Ihres Anschreibens bereits viele sachliche Stärken genannt bekommen. Damit nicht genug - sofort geht es weiter. Jetzt sind Ihre charakterlichen Stärken dran:

Als meine besonderen Stärken betrachte ich meine .... und .... Darüber hinaus zeichne ich mich durch .... und .... aus.

Des Weiteren gilt meine Arbeitsweise als .... und ....

Zu meinen persönlichen Eigenschaften zählen .... , ... und ....

Bisher wurde mir bescheinigt, dass ich über die Eigenschaften .... , ... und .... verfüge.

Während meiner Tätigkeit als .... konnte ich meine .... und .... unter Beweis stellen

Es ist positiv aufgefallen, dass ich ....

Eine hohe .... sowie eine ausgeprägte .... runden mein Profil ab.

Meine persönlichen Stärken .... und .... werden sicher hilfreich sein, mich rasch einarbeiten zu können.

Meine wesentlichen Persönlichkeitsmerkmale .... und .... konnte ich während meiner Arbeit als .... praxisorientiert anwenden.

.... sehe ich als ebenso selbstverständlich an wie ....

etc.

Suchen Sie sich wieder zwei bis drei Varianten heraus und setzen Sie diejenigen Persönlichkeitsmerkmale in die Textlücken ein, die Sie im Rahmen der Analyse Ihres Profils gefunden haben. Es ist ratsam, nicht mehr als drei bis sechs Persönlichkeitsmerkmale zu nennen. Wie gesagt, rechnen Sie damit, in einem Vorstellungsgespräch auf die genannten Merkmale angesprochen zu werden.

5. Individuelle Besonderheiten

Der Leser Ihres Anschreibens hat nun viele Gründe genannt bekommen, warum Sie die richtige Kandidatin oder der richtige Kandidat sind. Um die positive Wirkung zu erhalten, sollten Sie nun schnellstmöglich zum Ende Ihres Textes kommen. Es können jedoch Besonderheiten vorliegen, auf die Sie noch hinweisen müssen. Diese können Sie jetzt ansprechen:

Im Übrigen fühle ich mich hier seit meiner Einreise im Jahr .... sehr wohl. Ich habe mich sehr gut integrieren können und verfüge deshalb über fließende Deutschkenntnisse in Wort und Schrift.

Mein Zeugnis wird gerade durch meinen letzten Arbeitgeber erstellt. Sobald es vorliegt, werde ich es Ihnen umgehend nachreichen.

Zu Ihrer Information bin ich erst wieder ab dem TT.MM.JJJJ erreichbar, da ich ....

Im Übrigen ist die Betreuung meines Kindes hervorragend geregelt, sodass ich mich professionell auf meine Berufstätigkeit konzentrieren kann.

Seit geraumer Zeit trage ich mich mit dem Gedanken, meinen Wohnort zu wechseln. Ihre Region würde ich dabei bevorzugen.

etc.

6. Schlusssatz

Ihr Anschreiben ist nun fast fertig. Es fehlt nur noch ein freundlicher Schlusssatz. Dabei können Sie noch Gehaltsvorstellungen (falls gefordert) und Ihre Verfügbarkeit nennen.

Ich bin kurzfristig verfügbar und würde mich über ein persönliches Gespräch sehr freuen.

Mein Einstiegsgehalt sollte zwischen € 00.000 und € 00.000 p. a. liegen. Über ein mögliches Vorstellungsgespräch freue ich mich sehr.

Ab MM/JJJJ könnte ich zur Verfügung stehen. Meine Gehaltsvorstellungen liegen bei € 00.000 p. a. Über die Einladung zu einem Vorstellungsgespräch freue ich mich sehr.

Ich wäre kurzfristig einsatzbereit und würde mich über die Einladung zu einem Vorstellungsgespräch sehr freuen.

Ihrem Unternehmen kann ich ab dem TT.MM.JJJJ zur Verfügung stehen. Gerne würde ich Sie in einem persönlichen Gespräch von meiner Motivation überzeugen.

etc.

Zerbrechen Sie sich nicht den Kopf, ob zum Beispiel die Verwendung des Konjunktivs richtig oder falsch ist. Es kann versichert werden, dass es auf der Arbeitgeberseite niemanden gibt, der sich mit solchen Trivialitäten beschäftigt. Das gilt ebenso, falls Sie sich die Frage stellen sollten, ob ein Satz mit „Ich" begonnen werden darf.

Ihr Anschreiben ist nun fertig. Alle wichtigen Punkte sind enthalten. Der Text betont Ihre Stärken und wirkt zugleich kurz und bündig.

Musterbeispiele

Nachfolgend finden Sie wieder einige wenige Beispiele für Bewerbungsanschreiben, um anschaulich die bisherigen Empfehlungen für mögliche Formulierungen zu verdeutlichen.

Da andere Menschen dieses Bewerbungsbuch möglicherweise auch lesen, sollten Sie daher nicht einfach komplett die vorgestellten Anschreiben übernehmen. Bringen Sie zusätzlich Ihren persönlichen Stil mit ein. Ergänzen Sie die Textvarianten mit eigenen Ideen oder individuellen Besonderheiten.

Im Übrigen muss Ihr Bewerbungsanschreiben nicht die gleiche Textformatierung wie Ihr Dokument für den Lebenslauf aufweisen. Zudem sollte es idealerweise eine A4-Seite nicht überschreiten.

Zur Vollständigkeit soll noch erwähnt sein, dass tatsächlich ein DIN-Standard für das Anschreiben existiert. Da aber auch auf der Arbeitgeberseite die Kenntnisse darüber recht gering sind (in der Regel überhaupt nicht vorhanden), wird es nicht weiter auffallen, wenn Sie diese DIN-Norm einfach vernachlässigen. Aber damit Sie zumindest einmal davon gehört haben, zähle ich einige wenige Kriterien der DIN 5008 im Folgenden auf:

- Schriften: Arial, Tahoma oder Verdana
- Schriftgröße: 11 pt oder 12 pt (in Ausnahmefällen 10 pt)
- Flattersatz, also keinen Blocksatz verwenden
- Oberer Rand: 1,69 cm und linker Rand: 2,41 cm

Sie werden in den gezeigten Anschreiben feststellen, dass eine kleine Absenderzeile (Schriftgröße: 8pt) über der Empfängeradresse eingefügt ist. Falls Sie sich für diese Variante entscheiden, können Sie später Fensterkuverts verwenden. Diese sind sinnvoll, wenn Sie konservative Firmen ansprechen, die Unterlagen noch per Post wünschen.

Hans Mustermann
Mustermannstraße 100
12345 Musterheim
Telefon: 01 23 4 - 56 78 910
E-Mail: hans.mustermann@email.de

JJ. Monat JJJJ

Hans Mustermann, Mustermannstraße 100, 12345 Musterheim

Musterunternehmen GmbH & Co. KG
Frau Lara Musterfrau, Bereichsleitung
Am Mustersteig 12
54321 Musterstadt

Ihr E-Mail vom TT. MM. JJJJ
Bewerbung als Industriekaufmann im Rechnungswesen

Sehr geehrte Frau Musterfrau,

zunächst vielen Dank für Ihre prompte Antwort per E-Mail. Ich habe mich über Ihr Angebot gefreut, Ihnen meine Bewerbungsunterlagen zusenden zu dürfen. Im Übrigen habe ich heute Ihre Internetseite betrachtet. Die darauf gezeigte Unternehmenspräsentation hat mich sehr angesprochen.

Meine Berufsausbildung zum Industriekaufmann werde ich MM/JJJJ erfolgreich abschließen. Ich sammelte bereits während meiner Ausbildungszeit Erfahrungen im Rechnungswesen. Zu meinen Aufgaben zählten dabei die Rechnungserstellung und die Zahlungseingangskontrolle. Darüber hinaus war ich mit Tätigkeiten des Mahnwesens und des Reklamationsmanagements beauftragt.

Durch ein Praktikum konnte ich mir weitere Praxiskenntnisse auf den Gebieten Belegkontrolle und elektronische Ablagesysteme aneignen. Im Übrigen gehören der Umgang mit dem PC und den MS Office-Programmen für mich zur Selbstverständlichkeit.

Meine konzentrierte und eigenverantwortliche Arbeitsweise sowie meine ausgeprägte Lernbereitschaft werden sicher hilfreich sein, mich rasch einzuarbeiten.

Ich bin kurzfristig verfügbar und würde mich sehr über ein Vorstellungsgespräch freuen.

Mit freundlichen Grüßen

Hans Mustermann
Hans Mustermann

Anlage

Beispiel 1: Berufseinsteiger

Sabine Muster
Musterstraße 100
12345 Musterstadt
Telefon: 01 23 / 45 67 89 10
E-Mail: sabine.muster@email.de

TT. Monat. JJJJ

Sabine Muster, Musterstraße 100, 12345 Musterstadt

Muster AG, Klinikbetriebe Musterdorf
Herr Dr. Max Mustermann
Musterstraße
70123 Musterdorf

Unser Telefonat vom TT.MM.JJJJ, Bewerbung als Diätassistentin

Sehr geehrter Herr Dr. Mustermann,

zunächst möchte ich mich für das angenehme und informative Telefongespräch bedanken. Gerne nehme ich Ihr Angebot wahr, Ihnen meine Bewerbungsunterlagen als PDF-Datei zuzusenden.

Meine nebenberufliche Qualifizierung zur Diätassistentin werde ich in vier Wochen erfolgreich abschließen. Ich konnte bereits während meiner Ausbildungszeit in der XY-Klinik praktische Erfahrungen sammeln. Ich wurde mit der Zubereitung spezifischer Diätmenüs sowie deren Ausgabe an Patienten betraut. Dabei konnte ich meine erlernten Kenntnisse schon im praktischen Klinikbetrieb unter Beweis stellen.

Durch ein Praktikum im Seniorenstift XY im Bereich Speisesaal konnte ich mir weitere Berufserfahrungen auf den Gebieten Küchenorganisation und Wareneinkauf aneignen.

Zu meinen persönlichen Hauptstärken zählen meine schnelle und effektive Arbeitsweise. Darüber hinaus zeichne ich mich durch Qualitätsbewusstsein, Patientenorientierung und Herzlichkeit aus.

Zum TT.MM.JJJJ bin ich verfügbar. Über die Einladung zu einem Vorstellungsgespräch freue ich mich sehr.

Mit herzlichen Grüßen

Sabine Muster
Sabine Muster

Bewerbungsunterlagen als PDF-Datei

Beispiel 2: Umsteigerin

Anette Mustermann
Mustermannstraße 100
12345 Musterheim
Telefon: 01 23 4 - 56 78 910
E-Mail: hans.mustermann@email.de

JJ. Monat JJJJ

Anette Mustermann, Mustermannstraße 100, 12345 Musterheim

IT-Musterunternehmen GmbH
Frau Lara Musterfrau
Am Mustersteig 12
54321 Musterstadt

Unser Gespräch auf der Fachmesse XY am TT.MM.JJJJ
Bewerbung als Fachinformatikerin in Ihrem Rechenzentrum

Sehr geehrte Frau Musterfrau,

zunächst herzlichen Dank für das informative Gespräch auf der Messe XY. Ihr
repräsentativer Messestand hat mich übrigens sehr beeindruckt.

Ich verfüge über die abgeschlossene Berufsausbildung als Fachinformatikerin. Darüber
hinaus biete ich Ihnen die Zusatzqualifikation MS 12345B und MS 6789A. Zu meinen
bisherigen Aufgabengebieten zählten unter anderem die Administration von PC-
Netzwerken sowie die Wartung von XX- und YY-Systemen. Ihre Anforderung, gute
Kenntnisse in den Programmiersprachen A und B zu besitzen, kann ich ebenso erfüllen.

Während meiner Familienpause konnte ich bei etablierten IT-Unternehmen zwei
Praktika absolvieren. Dadurch lernte ich die Hard- und Software von Unix- und
Windows-Servern praxisorientiert kennen.

Meine Arbeitsweise ist zielorientiert und effektiv. Als meine besonderen Stärken
betrachte ich meine Konzentrationsfähigkeit, Serviceorientierung und
Problemlösungskompetenz. Im Übrigen ist die Betreuung meines Kindes optimal
geregelt, sodass ich mich professionell auf meine Berufstätigkeit konzentrieren kann.

Über eine Einladung zu einem Vorstellungsgespräch würde ich mich sehr freuen.

Mit freundlichen Grüßen

Anette Mustermann
Anette Mustermann

Bewerbungsunterlagen

Beispiel 3: Wiedereinsteigerin

1.2.4. Digitalisierung

Zwar werden Sie die meisten Bewerbungen online versenden, dennoch sollten Sie damit rechnen, dass manche Firmen Ihre Unterlagen noch immer per Post wünschen. Von Anfang an müssen Sie diese beiden unterschiedlichen Varianten berücksichtigen. Sie sollten deshalb am PC nur solche Dateien erstellen, die nicht nur für die Onlineversionen, sondern auch für die Printversion zugleich nutzbar sind. So sparen Sie sich doppelte Arbeit.

Erstellung der Dateien

Die Empfehlung, Bewerbungsdokumente am PC zu erstellen, die sowohl online als auch für eine klassische Mappe einsetzbar sind, sollten Sie annehmen. Für eine erfolgreiche Umsetzung der hier beschriebenen Strategie ist das sehr wichtig.

Sie werden in diesem Ratgeber an anderer Stelle noch erfahren, dass Sie mit einer Vielzahl von Arbeitgebern konfrontiert sein werden. Um alle professionell „abarbeiten" zu können, sind unkomplizierte und vor allem zeitsparende Vorgehensweisen notwendig. Nur so können Sie sicherstellen, hauptsächlich mit Bewerbungstechniken beschäftigt zu sein, statt mit dem zeitraubenden Zusammenstellen von Unterlagen.

Falls Sie zu den wenigen Leserinnen und Lesern gehören, die noch gerne Bewerbungsfotos kleben, Belege und Zeugnisse umständlich kopieren und dann einzelne Seiten zu Bewerbungsunterlagen zusammenstellen möchten, sollten Sie sich von dieser nostalgischen Arbeitsweise langsam verabschieden.

> Der tabellarische Lebenslauf sowie alle Belege und Zeugnisse sollten in einer einzigen Datei enthalten sein.

Falls von Unternehmen, Behörden oder sonstigen Einrichtungen noch Bewerbungsmappen erwünscht werden, müssen Sie nur eine einzige Datei ausdrucken und können das Ganze ohne größeres Nachdenken in eine Mappe einheften. Wenn stattdessen eine Online-bewerbung per E-Mail notwendig ist, hängen Sie exakt die gleiche Datei einfach der E-Mail an.

Um diese zeitsparende und vor allem professionelle Arbeitsweise zu ermöglichen, ist jedoch eine Voraussetzung zu erfüllen:

▪▪▪

Bewerbungsfoto und Zeugnisse müssen digital vorliegen.

▪▪▪

Es wird empfohlen, Zeugnisse, Zertifikate und sonstige Belege im JPG- oder BMP-Format zu scannen (bzw. scannen zu lassen). Die so entstehenden Grafikdateien können Sie dann bequem in dasselbe Word-Dokument einfügen, in der schon Ihr tabellarischer Lebenslauf enthalten ist (MS Word: EINFÜGEN/GRAFIK AUS DATEI EIN-FÜGEN).

Innerhalb Ihres Word-Dokuments erscheinen dann im Anschluss des Lebenslaufs Ihre gescannten Dokumente als Grafiken (in gleicher Reihenfolge wie Ihre Angaben im tabellarischen Lebenslauf, auf die sich Ihre Zeugnisse beziehen). Auf die gleiche Weise fügen Sie Ihr Bewerbungsbild ein. Dieses muss ist in der Regel nicht eingescannt werden, da Sie heute von den Fotografen eine/n CD/USB-Stick mit-bekommen, auf der/dem Ihr Foto schon im JPG-Format abgespei-chert ist.

Fehlt nur noch das Bewerbungsanschreiben: Wenn Sie die in die-sem Ratgeber vorgestellte Strategie verfolgen, müssen Sie meist nur Ihr Anschreiben an den jeweiligen Bewerbungsfall anpassen. Der Lebenslauf bleibt jeweils gleich. Daher ist es ratsam, für das An-schreiben eine separate Datei anzulegen. So müssen Sie nicht immer wieder in das Textdokument Ihres fertig formatierten Lebenslaufs eingreifen.

▪▪▪

In der Summe bestehen Ihre vollständigen
Bewerbungsunterlagen idealerweise aus zwei Dateien.

▪▪▪

Zu Not können Sie Ihre Zeugnisse vom Lebenslauf trennen und als separate „Datei für Zeugnisse" anlegen. Damit würden in der Summe drei Dateien entstehen. Dies wäre eine noch akzeptable Alternative.

Textverarbeitung, Dateigröße und PDF-Format

Ihren tabellarischen Lebenslauf sowie Ihr Anschreiben können Sie mit einem herkömmlichen, das heißt mit Ihrem vorhandenen Standardprogramm für Textverarbeitung, erstellen. Welche Software Sie dafür nutzen, ist zweitrangig.

Alle entsprechenden Programme haben eines gemeinsam, es entstehen sogenannte „offene Arbeitsdateien". Wie dieser Name bereits deutlich macht, sind diese offen für die Eingabe bzw. Bearbeitung, nicht nur für Sie, sondern für jedermann, der darauf Zugriff hat. Daher sind solche Dateiformate für die Übermittlung an fremde Personen ungeeignet. Zudem sind diese Dateien meist zu groß (zumindest in unserem Fall), um sie später per E-Mail versenden zu können. Daher ist die Verwendung eines „geschlossenen Dateiformats" notwendig. Zugleich soll es die notwendige Reduzierung der Datengröße gewährleisten.

Dafür eignet sich das sogenannte PDF-Format hervorragend. Dieses gilt heute als Standard für die digitale Übermittlung von Dokumenten:

> Bevor Sie Ihre Dateien online versenden, müssen Sie diese in ein PDF-Format umwandeln.

Zusätzlich sollten Sie berücksichtigen, dass das, was Sie auf Ihrem Bildschirm zu Hause sehen, letztendlich von der Software (bzw. Version) abhängt, die aktuell auf Ihrem PC installiert ist. Sie haben infolgedessen zu beachten, dass Ihre gut formatierten Dokumente vielleicht auf Ihrem Monitor perfekt aussehen, jedoch auf dem PC des Empfängers völlig anders dargestellt werden könnten. Dies ist von der verwendeten Software des jeweiligen Unternehmens abhängig.

Haben Sie also Ihre Bewerbungsunterlagen repräsentativ formatiert und versenden das Ergebnis per E-Mail, kann es durchaus passieren, dass Ihre schöne Formatierung beim Empfänger völlig verrutscht. Diese Problematik wird durch das PDF-Format ebenfalls verhindert. Es gewährleistet die identische Darstellung Ihrer Dokumente auf einem anderen PC. Das ist von großer Bedeutung für Sie. Es wäre sehr schade, wenn Sie Ihre Unterlagen elegant und professionell gestaltet hätten und bei einem Arbeitgeber würde das Ganze letztendlich katastrophal dargestellt werden.

Darüber hinaus bieten PDF-Dateien zwei weitere Vorteile: Erstens sind Ihre Dateien auf der Arbeitgeberseite nicht mehr veränderbar (z.B. Frühstückspause: Mitarbeiter legt sein Butterbrot versehentlich auf die Tastatur und zerstört Ihr Layout). Zum Zweiten wird sichergestellt, dass Ihre übermittelten Dateien auf jeden Fall auf der Gegenseite einsehbar sind - und zwar unabhängig davon, welche PC-Programme Sie oder der Empfänger nutzen.

Dies ist ein wichtiges Kriterium für Onlinebewerbungen: Schließlich können online versandte Dateien auf der Unternehmensseite häufiger nicht geöffnet werden, als Sie vermuten. Trifft man dort dann auf zeitlich überlastete Beschäftigte, ist es durchaus möglich, dass allein aus diesem Grund Ihre Bewerbung nicht weiterverfolgt wird. Sie glauben, sich beworben zu haben, und wundern sich, warum Sie vom Arbeitgeber nichts mehr hören. Kurzum: Sie benötigen also eine Software, die Ihre Dateien entsprechend umwandeln kann:

Ein PDF-Umwandler muss auf Ihrem PC installiert sein.

Das heißt, Sie erstellen auf Ihrem PC mit einem x-beliebigen Textverarbeitungsprogramm Ihre Bewerbungsunterlagen und wandeln diese anschließend in ein allgemeingültiges PDF-Format um.

Es ist also ein PDF-Maker notwendig (nicht zu verwechseln mit einem PDF-Reader, wie z.B. dem „Adobe Acrobat Reader"). So ein PDF-Umwandler ist in den neueren MS-Windows-Versionen bereits vorinstalliert (MS Word: SPEICHERN UNTER/DATEITYP anklicken/PDF auswählen/SPEICHERN anklicken). Falls dies bei Ihnen nicht der Fall sein sollte, können Sie ohne Weiteres eine kostenlose PDF-Software (Freeware) aus dem Internet herunterladen (downloaden). Auch wenn Sie über keine umfangreichen PC-Kenntnisse verfügen, stellt dies auch für Laien kein größeres Problem dar.

Grundsätzlich ist es sehr wichtig, unbedingt darauf zu achten, dass Ihre Bewerbungsdateien nicht zu groß werden.

> Dateien, die Bewerbungsunterlagen enthalten, sollten in der Summe nicht größer als drei bis fünf Megabyte sein.

Um ganz sicher zu sein, eher unter drei Megabyte. Dies ist deshalb so wichtig, weil manche E-Mail-Server auf der Arbeitgeberseite nur bestimmte Maximaldatengrößen zulassen. Sind dahingehend die Dateianhänge zu groß, kann es Ihnen passieren, dass bereits die E-Mail-Software des Arbeitgebers Ihre Bewerbung blockiert. Sie denken, Sie hätten sich beworben, aber der dort vorhandene E-Mail-Server hat Sie bereits gelöscht, bevor irgendein Mitarbeiter Ihre Nachricht zu Gesicht bekommen hat.

Falls Sie sich das Ganze nicht zutrauen sollten, es gibt zahlreiche Dienstleister, die Ihnen diese Arbeit der PDF-Umwandlung und Datenkomprimierung abnehmen.

1.3. Administration

Ihre Startvorbereitungen sind nun nahezu abgeschlossen. Sie stehen kurz davor, in Ihrem Leben einen entscheidenden Schritt zu tun - vielleicht beginnt bald ein völlig neuer Lebensabschnitt. Treffen Sie eine Entscheidung:

> Gehen Sie Ihre Jobsuche nicht halbherzig an.

Machen Sie mobil und bereiten Sie sich vor. Ihre volle Konzentration ist nun gefordert. Aber keine Sorge, Ihr maximales Engagement müssen Sie nur wenige Wochen beibehalten. Allein dieser kurze Zeitraum wird ausreichend sein, um die entscheidenden Weichen für Ihre berufliche Zukunft zu stellen.

Falls es in Ihrer aktuellen Lebenssituation möglich ist, fassen Sie Ihre Jobsuche als eine Art Berufstätigkeit auf. Idealerweise strukturieren Sie Ihren Tagesablauf und beginnen zu einer festen Uhrzeit mit Ihren Bewerbungsaktivitäten. Ebenso beenden Sie diese zu einem bestimmten Zeitpunkt. Folgender Zeitplan könnte sich anbietet:

09.00 - 10.00 Uhr: E-Mails beantworten und Telefonate führen

10.00 - 11.00 Uhr: Bewerbungen auf entdeckte Stellen

11.00 - 12.30 Uhr: Unternehmensrecherche und Kontakte per E-Mail

12.30 - 13.00 Uhr: Dokumentation und Datenbankaufbau

Ist für Sie der vorgestellte Zeitplan nicht möglich (Prüfungsvorbereitungen, Berufstätigkeit, Unterricht etc.), können Sie das Ganze auch entsprechend auf nachmittags und/oder abends verteilen. Falls auch da keine zusammenhängenden Zeiträume zur Verfügung stehen, verteilen Sie die Aktivitäten auf den gesamten Tag. Dabei können Sie sich auf eine konkrete Struktur festlegen, die Sie allerdings konsequent einhalten sollten:

> Ihren Zeitplan sollten Sie für vier Wochen beibehalten.

Suchen Sie sich einen passenden Vierwochen-Zeitraum heraus und informieren Sie Ihr Umfeld, dass Sie zu den jeweiligen Tageszeiten beschäftigt sind.

> Setzen Sie sich ein festes Datum als Starttermin.

Bereiten Sie Ihren Schreibtisch oder einen entsprechenden Arbeitsplatz vor. Sie müssen dort in Ruhe arbeiten können.

Wird die Jobsuche mit einer Berufstätigkeit gleichgesetzt, resultieren daraus folgende Vorteile:

- Schnell wird ein hohes Niveau an Routine erreicht und beibehalten. Erheblich bessere Ergebnisquoten sind die Folge.

- Die entdeckten Jobangebote liegen zeitlich eng beieinander. So sind diese leichter gegeneinander abzuwägen. Entscheidungen müssen nicht hinausgezögert werden, nur weil ausstehende Vorstellungsgespräche noch zu weit in der Zukunft liegen.

- Ein hoher Aktivitätsgrad fördert Ihr Gefühl der Selbstbestimmtheit und steigert Ihr Selbstvertrauen. Daraus resultieren eine höhere Motivation und eine bessere Selbstdarstellung.

Sie werden mit der Empfehlung, konsequent eine feste Tagesstruktur einzuhalten, erstklassige Ergebnisse erzielen. Den nötigen Anfangsschwung erreichen Sie auf diese Weise sehr zügig.

Ihre Bewerbungsinstrumente sind PC, Telefon und Internet.

Nicht Ihre Bewerbungsunterlagen sind in erster Linie entscheidend, sondern Ihre Kommunikationseinrichtungen. Schließlich möchten Sie den „verdeckten Stellenmarkt" erobern.

Prüfen Sie, ob Ihre technische Ausstattung funktionstüchtig ist. Ein handelsüblicher PC ist völlig ausreichend. Zudem sind keine höheren Anforderungen an die Qualität bzw. Geschwindigkeit Ihres Internetzugangs zu beachten. Diese Kriterien sind von Ihrem persönlichen Geschmack und Ihrer Anspruchshaltung abhängig.

Selbstverständlich benötigen Sie noch ein E-Mail-Konto. Viele Jobsuchende nutzen E-Mail-Anbieter, die kostenfrei sind. Obwohl dabei akzeptiert werden muss, dass den E-Mail-Nachrichten einige wenige Werbezeilen durch die Betreiber angehängt werden, so ist das doch mehr als ein faires Geschäft. „Freemail"-Konten sind für die Zwecke dieses Ratgebers völlig ausreichend. Obwohl einige Bewerbungsfachleute davon abraten, kostenfreie E-Mails (inklusive Werbung) zu verwenden, sind bis heute keine Beispiele bekannt, in denen damit negative Erfahrungen gemacht wurden.

Falls Sie an Datensicherheit interessiert sind, empfehle ich, keine amerikanischen Anbieter zu nutzen. Beispielsweise liest Googlemail alle Ihre Nachrichten nicht nur mit (und speichert diese für Werbezwecke), sondern greift auch erheblich in die Datenstruktur Ihres PCs ein. Sehr viele Menschen nutzen zum Beispiel die Freeware-Anbieter GMX oder Web.de als E-Mail-Dienstleister. Sie bieten nicht nur Verschlüsselung an, sondern deren Server stehen auch nicht im Ausland.

Des Weiteren wird empfohlen, für Ihre jetzt anstehende Bewerbungsphase eine unbelastete, das heißt, eine nagelneue E-Mail-Adresse einzurichten. E-Mail-Adressen können durch Arbeitgeber am einfachsten online recherchiert werden. Man gibt sie einfach in eine Internetsuchmaschine ein und schaut sich die Suchergebnisse an. Eine nagelneue Adresse ist online nicht belastet.

Selbstverständlich ist auch auf die Seriosität Ihrer E-Mail-Adresse zu achten (also bitte kein ‚darkdevil‘, ‚sexywoman‘, ‚sweetboy‘ o.Ä.). Folgende Adressstrukturen bieten sich an:

nachname@ .... .de

vorname.nachname@ .... .de oder nachname.vorname@ .... .de

vorname-nachname@ .... .de oder nachname-vorname@ .... .de

vorname_nachname@ ...... .de oder nachname_vorname@ .... .de

Falls die gewünschte Adresse bei Ihrem Anbieter bereits vergeben ist, müssen Sie variieren. Mit dem Anhängen einer individuellen Zahlenkolonne an Ihren Namen (z.B. mustermann1234@ .... .de), können Sie diese Problematik leicht lösen. Ideal ist es, wenn Ihre E-Mail-Adresse zumindest Ihren Nachnamen enthält. So können beim Empfänger Ihre Nachrichten schneller zugeordnet, gespeichert und wiedergefunden werden.

1.4. Fazit

Sie haben es geschafft. Die Vorbereitungen sind nun abgeschlossen. Manches wird vielleicht ein wenig mehr Zeit benötigen, als Sie im Vorfeld vermutet haben. Es wird empfohlen, keine weiteren Inhalte dieses Ratgebers in die Praxis umzusetzen, bevor nicht sechs Bedingungen erfüllt sind:

1. Sie haben sich auf eine bestimmte Tätigkeit oder Aufgabenbandbreite festgelegt (eventuell zusätzlich eine Branche).

2. Ihr tabellarischer Lebenslauf stellt Ihr berufliches Profil dar und besteht inklusive Foto, Zeugnissen und Belegen aus einer einzigen PDF-Datei (zur Not: aus zwei PDF-Dateien). Ein fertiges Musteranschreiben liegt ebenfalls als separate Datei vor.

3. Über einen vorbereiteten Arbeitsplatz inklusive PC, Internetzugang und Telefon kann verfügt werden.

4. Eine neue E-Mail-Adresse inklusive enthaltenem Nachnamen besteht.

5. Sie haben sichergestellt, dass Sie mindestens vier Wochen lang einige Stunden täglich an Ihrer Jobsuche arbeiten können.

6. Ein konkretes Datum als Starttermin ist festgelegt.

Haben Sie alle Anforderungen erfüllt, kann es endlich losgehen. Sie haben mobil gemacht. Verfolgen Sie konsequent Ihr Ziel, sich Ihrer Bewerberkonkurrenz zu entledigen:

> Sie werden solche offene Stellen finden, die andere Bewerber/innen entweder nie oder viel zu spät entdecken.

Während andere Jobsuchende noch im Internet und in den Zeitungen vergeblich nach interessanten Jobangeboten suchen, werden Sie bereits die ersten Vorstellungsgespräche führen. Falls Sie alle Empfehlungen dieses Kapitels in die Praxis umsetzen, werden Sie schon in vier Wochen erste Bewerbungserfolge erzielt haben:

> Die nun folgenden 30 Tage werden entscheidend sein.

In diesem kurzen Zeitraum ist es tatsächlich möglich, maßgeblich die Weichen für eine erfolgreiche Zukunft zu stellen. Das heißt, Sie werden mit Riesenschritten Ihrem neuen Job entgegengehen.

Nun steht erst einmal die Auflösung einer paradoxen Bewerbungssituation an. Die Herausforderung liegt darin, dass einerseits die für Sie passenden Vakanzen in den Printmedien oder im Internet nicht ausgeschrieben sind, Sie sich aber andererseits darauf bewerben möchten. Es stellt sich also die spannende Frage, wie Sie diese scheinbar widersprüchliche Ausgangssituation meistern können.

In der Vergangenheit konnten unveröffentlichte Positionen mit klassischen Initiativbewerbungen entdeckt werden. Initiativ bedeutete bisher „blind" Bewerbungsunterlagen an potenzielle Arbeitgeber zu versenden (Blindbewerbungen). Vor vielen Jahren war dies eine erfolgversprechende Strategie und auch für die Firmen durchaus komfortabel. Ohne großen Aufwand konnten die Unternehmen unter den Bewerbern, die auf sie zukamen, die besten Kandidatinnen und Kandidaten herauspicken.

Leider ist diese Vorgehensweise heute nicht mehr zeitgemäß. Die anfänglichen Vorteile haben sich ins Gegenteil verkehrt. Es gibt heute zu viele Jobsuchende, die ganz pauschal eine Vielzahl an Bewerbungsunterlagen an alle möglichen Personalabteilungen versenden. Das Resultat ist, dass es heute tatsächlich Großkonzerne gibt, die täglich über Hunderte von Bewerbungsunterlagen erhalten. Wohlgemerkt täglich!

Jobsuchende, die sich klassisch initiativ bewerben, begeben sich damit in einen aussichtslosen Konkurrenzkampf mit anderen Bewerbern (was wir schließlich verhindern wollen). Sicher wird diese gewaltige Zahl an eingehenden Unterlagen bei unbekannteren und kleinen Unternehmen deutlich geringer ausfallen. Dennoch - die Bearbeitung solcher Bewerbungen, die im Vorfeld nicht explizit angefordert worden sind, möchten sich immer weniger Personalabteilungen leisten. Es gibt heute sogar Arbeitgeber, die auf ungefragt zugesandte Unterlagen gar nicht mehr reagieren.

Es gibt jedoch noch einen weiteren Punkt, der viel entscheidender für Ihren Bewerbungserfolg ist. Der alte Weg, sich initiativ zu bewerben, beinhaltet für Sie einen deutlichen Nachteil:

> Mit dem unaufgeforderten Versand von Initiativbewerbungen treffen Sie so gut wie immer den falschen Zeitpunkt.

Ist beim betreffenden Unternehmen gerade keine Stelle frei, sind Sie dort auf eine professionelle Organisation der Datenverarbeitung angewiesen. Nur wenn diese administrative Grundvoraussetzung gegeben ist, können Sie wieder ins Spiel kommen, wenn zu einem späteren Zeitpunkt eine Position frei wird. Nur dann könnte der Arbeitgeber überhaupt wieder auf Sie zukommen.

Leider geschieht dies in den seltensten Fällen. Vielleicht wird Ihnen mitgeteilt, dass man sich wieder bei Ihnen melden würde, falls sich irgendwann etwas ergeben sollte. Doch in der Realität hören die meisten Jobsuchenden nie wieder etwas von dem betreffenden Unternehmen.

Die Ursache liegt in den Rationalisierungsmaßnahmen der vergangenen Jahre begründet: Personalknappheit ist heute an der Tagesordnung. Mitarbeiterinnen und Mitarbeiter haben heute in der Regel bedeutend mehr Arbeitsaufgaben zu bewältigen als noch vor einigen Jahren. Aus dieser erhöhten Arbeitsbelastung eines jeden Beschäftigten resultiert zwangsläufig eine Verschlechterung von Arbeitsergebnissen und der Qualität von Betriebsabläufen. Darunter leiden in Unternehmen auch die organisatorischen und administrativen Vorgänge. Eine professionelle Ablage (bzw. Wiedervorlage) früher eingegangener Bewerbungsunterlagen findet man immer seltener. Dies kostet Zeit, die man sich heute nicht mehr nehmen möchte. Zudem läuft ein Personaler oder Entscheidungsträger immer Gefahr, sich mit Bewerbern zu beschäftigen, die zwischenzeitlich einen anderen Job gefunden haben und deshalb nicht mehr zur Verfügung stehen.

Als Folge werden also eher aktuelle Bewerbungen bearbeitet. Die Wahrscheinlichkeit, dass ältere Unterlagen unberücksichtigt bleiben, ist hoch. Natürlich könnten Sie dieses Problem lösen, indem Sie Ihre Bewerbungsunterlagen immer wieder den gleichen Arbeitgebern zusenden. Die Frage, ob dies eine clevere Bewerbungstechnik ist, können Sie sich sicher selbst beantworten.

Es bleibt also bei der paradoxen Konstellation: Einerseits möchten Sie schneller und besser über noch nicht veröffentlichte Positio-

Vorbereitung

nen Bescheid wissen, andererseits ist die klassische Vorgehensweise für Initiativbewerbungen wenig zielführend. Was ist jetzt die Lösung? Ganz einfach:

Bevor Sie Unterlagen versenden, fragen Sie einfach nach.

Das heißt, Sie holen sich im Vorfeld quasi die Genehmigung für Ihre Bewerbung ein. Liegt Ihnen das Okay für die Zusendung Ihrer Unterlagen vor, wird sich Ihr Status schlagartig ändern. Man hat Ihnen das Angebot gemacht, sich bewerben zu können. Eine völlig veränderte Ausgangssituation für Ihre Bewerbung ist die Folge.

Um sich erkundigen zu können, müssen Sie allerdings erst einmal wissen, welche Arbeitgeber infrage kommen. Welche Unternehmen, Institutionen, Behörden, Vereine, Einrichtungen oder sonstige Arbeitgeber passen zu Ihrem Berufswunsch?

Im ersten Schritt recherchieren Sie Ihre Arbeitgeberzielgruppe.

Sie recherchieren Kontaktdaten von Unternehmen. Erst wenn Sie diese Fleißarbeit professionell erledigt haben, wissen Sie überhaupt, wer für Sie infrage kommen könnte. Erst dann können Sie Kontakt aufnehmen, um sich eine Bewerbungszusage einzuholen:

Im zweiten Schritt erfragen Sie, ob eine Stelle frei ist bzw. ob eine Bewerbung sinnvoll sein könnte.

Demnach durchlaufen Sie erst eine Recherche- und Kommunikationsphase, bevor Sie sich bewerben. Die Bewerbungstechnik für den „verdeckten Stellenmarkt" unterscheidet sich infolgedessen deutlich von herkömmlichen Bewerbungsstrategien. Sie besteht aus einem Ablauf von drei Phasen:

1. Recherche

2. Kontakt

3. Bewerbung

Sie beginnen Kontakt aufzunehmen und gehen so nicht das Risiko ein, in der Masse unterzugehen. Sie werden aktiv und versenden keine Unterlagen mehr ins Blaue hinein. Statt auf „Prinzip Hoffnung" zu setzen, stellen Sie selbst sicher, dass Ihre Bewerbung Beachtung findet. Dabei finden Sie nicht nur noch nicht veröffentlichte (verdeckte) Stellen, sondern Sie erhalten darüber hinaus die Namen vieler wichtiger Ansprechpartner. Zusätzlich treffen Sie exakt den richtigen Bewerbungszeitpunkt. Ihre Bewerbungsunterlagen werden erwartet und landen wahrscheinlich direkt auf dem Schreibtisch der zuständigen Person. Dieser Ablaufplan ist damit nicht nur zielführend, sondern vor allem effektiv:

> Sie versenden nur dann Bewerbungen, wenn es sinnvoll ist.

Und gleichzeitig erhalten Sie ganz nebenbei Informationen über potenziell offene Stellen. Informationen, die dann wahrscheinlich nur wenigen Bewerbern vorliegen. Vielleicht sind Sie sogar die einzige oder der einzige Kandidat, die über diese Karrierechance Bescheid weiß.

> Der im Vorfeld hergestellte Kontakt zu Arbeitgebern, bevor Sie überhaupt an das Bewerben denken, ist der Erfolgsfaktor.

Es werden nun die einzelnen Schritte des vorgestellten Ablaufplans näher erläutert. Manche Aktivitäten können den einzelnen Phasen nicht eindeutig zugeordnet werden. Manchmal können Sie schon während der Recherchearbeit Kontakt aufnehmen. Ebenso ist es möglich, sich schon während der Kontaktaufnahme bewerben zu können. Es gibt also Überschneidungen und schleichende Übergänge.

Dennoch werden die drei Phasen in den folgenden Kapiteln isoliert voneinander betrachtet. So können Sie die Struktur des Ablaufplans sowie die kausalen Zusammenhänge der einzelnen Schritte besser erkennen. Begonnen wird mit der ersten Phase, der Recherche von möglichen Arbeitgebern.

2 Recherche

Um Ihre Arbeitgeberzielgruppe ausfindig zu machen, müssen Sie sich auf die Suche nach passenden Unternehmen, Behörden, öffentlichen Einrichtungen oder sonstigen Institutionen machen. Mit all jenen werden Sie später Kontakt aufnehmen. Es ist deshalb effektiv, sich schon während der Recherchearbeit darauf vorzubereiten. Nehmen Sie daher Kontaktdaten, wie Telefonnummern oder E-Mail-Adressen mit in Ihre Notizen auf. In der Summe soll eine Aufstellung entstehen, die Folgendes beinhaltet:

- Arbeitgeber, die für Ihren Berufswunsch infrage kommen könnten.
- Die dazugehörigen ersten Telefonnummern und E-Mail-Adressen.

Das Ziel ist, eine Liste möglicher Arbeitgeber zu erhalten. So verschaffen Sie sich einen Überblick über denjenigen Teil des Arbeitsmarkts, der Sie persönlich betrifft.

Sie werden dabei auch auf Arbeitgeber stoßen, bei denen Sie sich im Vorfeld nicht sicher sind, ob diese für Sie infrage kommen. Nehmen Sie im Zweifelsfall auch jene in Ihre Aufstellung auf. Sie haben nichts zu verlieren. Es besteht die Chance, dass sich ein Ihnen im Vorfeld unbekanntes Unternehmen im Nachhinein als ideal herausstellt. Später, im sich anschließenden Kapitel für die zweite Phase Ihrer Aktivitäten („Kontakt"), werden simple und zeitsparende Kommunikationstechniken vorgestellt, um offene Stellen zu entdecken. Falls sich ein ursprünglich aufgenommenes Unternehmen doch als uninteressant entpuppen sollte, haben Sie nicht viel Zeit verschwendet.

Es gibt viele Wege, Arbeitgeber zu recherchieren. Die Varianten, die am schnellsten zu positiven Ergebnissen führen, sind folgende:

1. Stellenanzeigen

2. Google

3. Messen

4. Umfeld

5. Alltag

6. Social Media

Welche Recherchemöglichkeiten letztendlich für Sie zweckmäßig sind, wird von Ihrer Persönlichkeit, von Ihrem beruflichen Profil und Ihren allgemeinen Rahmenbedingungen abhängen. Dennoch wird empfohlen, sich zunächst allen Punkten zu widmen. Erst dann, wenn Sie alle Varianten einige Male in der Praxis getestet haben, können Sie bewerten, welche die effektivsten für Ihre spezielle Situation sind.

Jeder Recherchevariante wird nun einzeln erläutert. Es wird mit der einfachsten aller aufgezählten Möglichkeiten gestartet.

2.1. Stellenanzeigen

Wie bereits erläutert, geht dieser Ratgeber nicht auf veröffentlichte Jobangebote, also auf Stelleninserate, ein. Dennoch können Sie sie für Ihre Zwecke gut nutzen. Wenn Sie sich Inserate in Print- oder Onlinemedien unabhängig vom enthaltenen Jobangebot anschauen, erhalten Sie einen ersten Überblick, welche Arbeitgeber in Ihrer gewünschten Region gerade Einstellungen vornehmen. Sie haben diese Anzeigen also nicht nach den Kriterien der angestrebten Tätigkeit zu sichten, sondern im Hinblick darauf, um welche Unternehmen oder Behörden es sich handelt.

Nutzen Sie passende Firmendaten aus nicht passenden Inseraten.

Ideal ist es, wenn Sie jemanden kennen, der Zeitungen eine Zeit lang aufbewahrt. So können Sie die Inserate vieler Ausgaben sichten. Darüber hinaus sollten Sie auch branchenspezifische Fachzeitschriften durcharbeiten.

Beispiel:

Es fand ein Seminar für Jobsuchende mit Bewerbungshemmnissen statt. Niemand konnte aktuelle Berufserfahrungen bieten. In der Mehrzahl handelte es sich um Branchenwechsler oder Frauen, die eine lange Erziehungspause eingelegt hatten und den Wiedereinstieg suchten.

Herr D. war Kaufmann im Groß- und Außenhandel. Er hatte sich bisher nur einige wenige Male beworben, da er keine passenden Stellenangebote finden konnte. Herr D. war zwar flexibel und mobil, dennoch bevorzugte er eine bestimmte Region. Darüber hinaus stand er auch solchen kaufmännischen Positionen offen gegenüber, die nichts mit dem Thema Groß- und Außenhandel zu tun hatten. Seine Arbeitgeberzielgruppe war demnach nicht branchenbezogen.

Ich schlug ihm deshalb vor, zunächst in seiner bevorzugten Region mit der Recherche von potenziellen Arbeitgebern zu beginnen. Neben anderen Recherchevarianten wollte er sich nun veröffentlichte Stellenangebote der letzten Wochen ansehen. Wir beschlossen, mit zwei Tageszeitungen des gewünschten Ballungsraums zu starten. Auf den jeweiligen Onlineausgaben der Verlage konnten im Internet alle Anzeigen der letzten vier Wochen gesichtet werden. Insgesamt wurden mehr als 900 Inserate angezeigt. Er klickte sie alle durch. Bei ca. 80 Anzeigen erschienen die Unternehmen passend. Herr D. druckte diese aus oder speicherte sie entsprechend ab.

Darüber hinaus wurden drei Onlinejobbörsen durchforstet. Herr D. gab die entsprechende Postleitzahl ein und begrenzte seine Suche auf einen Umkreis von 25 Kilometern. Insgesamt ergaben sich mehr als 1.500 Inserate als Suchtreffer. Davon waren mehr als die Hälfte von Personaldienstleistungsunternehmen. Diese ließen wir natürlich unberücksichtigt. Nach wenigen Stunden Recherchearbeit waren ungefähr 120 Unternehmen zusammengekommen. Dem Teilnehmer lagen nun zirka 200 Arbeitgebernamen inklusive erster E-Mail-Adressen oder Telefonnummern vor.

Um passende Einstiegspositionen entdecken zu können, konnte nun der zweite Schritt folgen: die Kontaktaufnahme.

Recherche

Luca Rohleder

Die meisten Tageszeitungen veröffentlichen ihre Stellenangebote auch online auf Ihren Internetpräsenzen. Dort können Sie die entsprechenden Inserate bequem entnehmen. Zudem sollten Sie auch Onlinejobbörsen durchsuchen. Die größten sind folgende:

Onlinejobbörsen	Onlinejobbörsen
Meinestadt.de	Jobomat.de
Jobmonitor	Monster
Rekruter.de	StepStone
Arbeit-Regional	Stellenmarkt.de
Jobinfo24	Jobsintown
Gigajob	Jobkurier
experteer	Careerbuilder
Top-Jobs-Europe	Jobstairs.de
Jobscout24	Kalaydo
Stellenanzeigen.de	Jobware.de

Das Problem bei der obigen Aufstellung ist jedoch, dass wahrscheinlich bei der Erscheinung dieses Buchs das Ganze schon wieder veraltet sein wird. Der Markt für Onlinejobbörsen ist sehr dynamisch geworden.

Des Weiteren gibt es natürlich noch eine Unmenge branchenspezifischer und regionaler Onlinebörsen. Welche davon für Sie zweckmäßig sind, hängt von der Art Ihrer Arbeitgeberzielgruppe ab.

In der Summe ist der bessere Weg, sich bei der Agentur für Arbeit (Deutschland), den Regionalen Arbeitsvermittlungszentren (Schweiz) oder dem Arbeitsmarktservice (Österreich) aktuelle Aufstellungen geben zu lassen.

2.2. Google

Das Internet ist eine beinahe unbegrenzte Fundgrube, um potenzielle Arbeitgeber zu entdecken. So umfangreich das World Wide Web ist, so dynamisch ist es aber leider auch. Täglich entstehen neue Internetseiten. Ebenso verschwinden viele Präsenzen. Zudem werden die Seiten permanent modifiziert und neu verlinkt.

Die beste Möglichkeit, aktuelle Daten zu generieren und sich einen Überblick in diesem Dschungel von Informationen zu verschaffen, ist der geübte Umgang mit Suchmaschinen. Wenn Sie täglich online recherchieren, werden Sie in diesem Metier schnell routiniert sein. Da mittlerweile Google alle anderen Suchmaschinen überflügelt hat, ist es wenig sinnvoll geworden, andere Suchmaschinen zu nutzen.

Die althergebrachte Redewendung „Der Weg ist das Ziel" findet hier seinen aktuellen Bezug. Das Ganze ist nichts anderes als eine Frage Ihrer Kreativität. Entdecken Sie Ihren Spaß, im Internet zu surfen, und spielen Sie ein wenig Detektiv.

> Beispiel:
>
> Frau E. war Hörgeräteakustikerin. Sie suchte, nachdem sie vier Jahre eine Familienpause eingelegt hatte, ihren beruflichen Wiedereinstieg.
>
> Obwohl sie alleinerziehende Mutter war, stand sie einem Wohnortwechsel offen gegenüber. Sie hegte schon seit Jahren den Wunsch, in eine andere Stadt zu ziehen. Eine Anstellung in Süddeutschland nahe der Schweizer Grenze war das erklärte Ziel.
>
> Zuerst recherchierte sie mithilfe „Google Maps" Städte und Ortschaften in der gewünschten Region. Anschließend gab sie die gefundenen Städtenamen, kombiniert mit typischen Fachbegriffen der Hörakustik, in eine Suchmaschine ein und sichtete die Ergebnisse. Zusätzlich ergaben sich weitere zahlreiche Links und Hinweise. So fand sie beispielsweise für ihre Branche eine umfangreiche Unternehmensliste.
>
> Sie hatte immer neue Ideen für Suchbegriffe. Sie tippte beispielsweise auch Namen von typischen Krankheitsbildern von Gehörgeschädigten ein. Das Surfen im Internet machte ihr schnell großen Spaß.

In wenigen Stunden konnte sie für ihre gewünschte Region 40 passende Hersteller, Einzelhändler, Vertriebsgesellschaften und Serviceunternehmen recherchieren.

Auch Branchenverzeichnisse oder sonstige Arbeitgeberaufstellungen können im Internet gefunden werden. So sind beispielsweise Unternehmenslisten oft auf den Internetseiten der Städte und Gemeinden zu finden (meist unter dem Button „Wirtschaft", „Gewerbe", „Unternehmen" o.Ä. versteckt). Falls regional begrenzt gesucht wird, können Firmen dort einfach recherchiert werden. Oft gibt es gleich die passenden Telefonnummern und E-Mail-Adressen dazu. Die kommunalen Betreiber dieser Internetpräsenzen haben es meist geschafft, dort mehr als die Hälfte aller ansässigen Arbeitgeber zu listen.

Darüber hinaus gibt es weitere Einsatzmöglichkeiten für Google. Oft kommt es während der Recherchearbeit vor, dass Sie lediglich den Namen eines Unternehmens entdecken. Dann können Sie online die exakte Firmierung, Telefonnummern oder E-Mail-Adressen schnell nachrecherchieren.

Die meisten Unternehmen haben heute eine eigene Homepage. Auf diesen Internetseiten können Sie nach den fehlenden Daten oder einfach nur nach dem „Impressum" suchen. Des Weiteren können Unternehmensbeschreibungen, betriebswirtschaftliche Kennzahlen oder sonstige Informationen über Arbeitgeber entdeckt werden. So können Sie sich schnell einen ersten Eindruck von unbekannten Unternehmen verschaffen.

2.3. Messen

Falls Sie für Ihren neuen Job eine klar definierte Branche anstreben, ist der Besuch von Messen sicher die beste Recherchevariante. An einem einzigen Ort finden Sie die Mehrzahl aller maßgeblichen Un-

ternehmen vor. Visitenkarten, Imagebroschüren oder Geschäftsbe-
richte können eingesammelt und Kontakte direkt geknüpft werden.
Wichtige Kontaktdaten sowie die Namen von zuständigen Ansprechpartnern sind ebenso leicht ermittelbar. Ihnen werden nahezu ideale
Bedingungen zur Arbeitgeberrecherche geboten.

Beispiel:

Herr E. war zu 50 Prozent schwerbehindert und war Metallbauer von Beruf. Ihm lagen zwar schon zwei Jobangebote von Konkurrenzbetrieben
vor, allerdings erschienen ihm die Einstiegskonditionen nicht besonders
attraktiv.

Auf meine Frage hin, ob er denn seine Arbeitgeberzielgruppe bzw. seine
Branche kenne, stellte sich heraus, dass er bisher nur mit drei Unternehmen Gespräche geführt hatte. Ich empfahl ihm, Kontakt zu weiteren
Firmen aufzunehmen, um seine Chancen auf bessere Konditionen zu erhöhen. Schließlich sei seine Qualifikation trotz seines Handicaps durchaus gefragt.

Herr E. war mobil. Seinen Berufseinstieg wollte er zum Anlass nehmen,
um seinen Wohnort zu wechseln. Eine Großstadt sollte es sein. Welche
genau, war ihm nicht so wichtig. Kurzerhand wurden die Begriffe MESSE
METALL MASCHINENBAU ANLAGENBAU gegoogelt, und wir hatten
Glück. Eine Maschinenbaumesse stand an. An einem Samstag wurden
auch Privatpersonen eingelassen.

Herr E. war ein eher zurückhaltender Mensch. Er war es nicht gewohnt,
fremde Menschen anzusprechen. Ich habe ihm deshalb empfohlen, sich
nicht zu sehr zu Gesprächen zu zwingen. Viel eher sollte er auf der Messe
Visitenkarten oder Broschüren von interessanten Arbeitgebern einsam-
meln. Dafür studierten wir zwei bis drei simple Formulierungen ein.

Eine Woche später, zum zweiten Gespräch, erschien ein erleichterter
Herr E. Er erzählte, dass er den ganzen Vormittag auf der Messe ver-
bracht hatte. Und dies hatte ihm sogar Spaß gemacht.

Etwas mehr als 250 Unternehmen hatten sich auf der Messe präsentiert.
Davon erschienen Herrn E. etwa 30 Aussteller interessant. Er nahm sich
entweder Infobroschüren mit oder fragte nach einer Visitenkarte. Dabei
entwickelten sich, und zwar ohne sein aktives Zutun, einige interessante

Gespräche. Obwohl die Messe per se mit dem Thema Personalbeschaffung nichts zu tun hatte, wurde er in zehn Fällen ausdrücklich ermuntert, sich zu bewerben. Alle dafür notwendigen Namen der zuständigen Mitarbeiter sowie deren Kontaktdaten wurden ihm ebenfalls mitgeteilt.

Zwei Unternehmen der Branche rechneten sogar damit, dass potenzielle Bewerber auf sie zukommen könnten. Unter dem Thekentisch wurden Listen hervorgeholt, in die Bewerbungszeitpunkt und Berufswünsche eingetragen werden konnten. Auf die Annahme von Bewerbungsunterlagen war man ebenfalls vorbereitet.

In einem Fall landete Herr E. sogar einen Volltreffer: Ein Geschäftsführer war zufällig anwesend, als er sich am Messestand informieren wollte. Der Metallbauer wurde zu einem Kaffee eingeladen, und man unterhielt sich einige Minuten. Am Ende des Gesprächs hatte Herr E. die Einladung für ein Vorstellungsgespräch in der Tasche.

Jetzt gingen wir erst einmal daran, die Daten der übrigen recherchierten 30 Unternehmen weiterzubearbeiten.

Falls bei Messen keine Privatpersonen zugelassen sind oder gerade keine passende Messe stattfindet, können Sie zumindest versuchen die Ausstellerlisten zu recherchieren. Diese finden Sie häufig auf den Seiten der Messebetreiber (z.B. Messe Frankfurt).

Beispiel:

Frau F. war Kauffrau für Touristik und Freizeit. Sie interessierte sich für einen Wiedereinstieg bei einem großen Reiseveranstalter. Passende Messeveranstaltungen fanden in den kommenden vier Wochen nicht statt. Der Besuch einer Messe war also kurzfristig nicht machbar. Ich empfahl ihr, Ausstellerlisten von künftigen oder vorangegangenen Messen zu recherchieren.

Sie machte sich an die Arbeit. Die maßgeblichen Messen wurden im Internet recherchiert, dabei allerdings keine veröffentlichten Ausstellerlisten gefunden. Daraufhin recherchierte Frau F. die Messeveranstalter, um telefonisch mit diesen Kontakt aufzunehmen.

Frau F. war eine sehr kommunikative Person. Schon beim dritten Anruf hatte sie Glück. Sie teilte der Dame am anderen Ende der Leitung mit, dass sie Wiedereinsteigerin sei und sie die Ausstellerlisten dringend für

Recherche

Initiativbewerbungen benötige. Fünf Minuten später ging eine entsprechende E-Mail ein. Eine Woche später kam sie mit einer weiteren Liste
an. Eine Bekannte, die in der Event- und Messeorganisation tätig war,
hatte ihr diese „besorgt".

Durch den Besuch von Messen oder die Recherche von Ausstellerlisten werden regelmäßig sehr gute Ergebnisse erzielt.

2.4. Umfeld

Die wertvollsten Inspirationen für potenzielle Arbeitgeber können Sie
sich im eigenen Umfeld holen. Dieses ist eine oft sträflich vernachläs-
sigte Ideenquelle, um von Arbeitgebern zu erfahren. Leider wird dieses Potenzial von vielen Jobsuchenden außer Acht gelassen. Prüfen
Sie bitte, ob auch Sie das tun:

- Haben Sie Ihr Umfeld konkret informiert, dass Sie auf Jobsuche sind?
- Haben Sie Ihre Freunde und Bekannte gebeten, sich zu melden, falls
  sie von interessanten Arbeitgebern oder freien Stellen erfahren?

Schon allein durch die Tatsache, dass Sie Ihr Umfeld darauf ansprechen, dass Sie auf Jobsuche sind, ergibt sich erfahrungsgemäß die eine
oder andere Idee. Immer wieder gibt es Beispiele, in welchen der Be-
kanntenkreis sogar als „Jobvermittler" fungierte.

Nur wer permanent kommuniziert, bewahrt sich die Chance,
wertvolle Informationen zu erhalten.

Beispiel:

Es fand ein einwöchiges Seminar für Umschüler statt. Herr G. war gerade
dabei, seine Berufsausbildung als Netzwerkadministrator (IHK) erfolgreich abzuschließen. In seinem bisherigen Beruf als angestellter Buchhändler hatte er keine beruflichen Perspektiven mehr gesehen. Seine
guten PC-Kenntnisse wollte Herr G. gerne beruflich einsetzen. Er absolvierte seine Ausbildung nebenberuflich und finanzierte dies aus eigener

Tasche. Seine neue Arbeitgeberzielgruppe war nicht branchengebunden, da er nahezu in jedem Unternehmen, das über ein größeres PC-Netzwerk verfügt, eingesetzt werden konnte.

Ich forderte Herrn G. auf, die Namen seines Umfelds zu notieren. Danach sollte er bewerten, wer von diesen Menschen konkret über seine Jobsuche Bescheid wusste. Wen hatte er bereits ausdrücklich gebeten, sich zu melden, falls eine freie Stelle bekannt würde?

Mithilfe von Assoziationslisten konnte Herr G. schließlich über 80 Personen notieren. Er war sehr erstaunt über die Vielzahl seiner Kontakte. Zuvor war er der Meinung gewesen, nur wenige Menschen zu kennen. Die entstandene Liste besprachen wir gemeinsam.

Herr G. war eher introvertiert. Dennoch wollte er versuchen, sich bei zirka 50 der Bekannten zu melden. Allerdings lagen ihm von den meisten Personen seiner Liste keine Telefonnummern mehr vor. Ich machte ihm den Vorschlag, dieses kleine Problem als Aufhänger für weitere Kontaktaufnahmen zu nutzen. Er machte sich zusätzlich Gedanken, welche Bekannte sich untereinander kennen, und darüber, wen er noch nach fehlenden Kontaktdaten fragen könne. Ihm fielen weitere 20 Personen ein.

Herr G. nahm sich vor, von zu Hause aus die zuvor ausgewählten Personen anzurufen. Als Anlass für seine Anrufe würde er seine aktuelle Jobsuche nennen oder fragen, ob die ihm fehlenden Telefonnummern bekannt wären.

Am nächsten Seminartag erschien ein fröhlicher Teilnehmer. Er erzählte, dass er ausgelassen bis spät in die Nacht telefoniert habe. Es machte ihm viel Spaß, mit früheren Bekannten über alte Zeiten zu reden. Ganz nebenbei hatte er so einige neue Telefonnummern erhalten. Zudem hatte er fünf interessante Unternehmen inklusive der zuständigen Ansprechpartner genannt bekommen.

Er müsse das Ganze am heutigen Abend wiederholen, so Herr G. Noch nicht einmal die Hälfte seiner Liste habe er abgearbeitet.

Am nächsten Seminartag berichtete Herr G. von einem Telefonat mit einer ehemaligen Kollegin. Sie war im gleichen Ausbildungsjahr, als er seinen ursprünglichen Beruf als Buchhändler erlernt hatte. Sie hatte zwischenzeitlich einen Diplom-Informatiker geheiratet, der zudem Inhaber eines großen Rechenzentrums war. Der Ehemann, der das Telefonat am Rande mitverfolgt hatte, machte sofort den Vorschlag, Herrn G. für einen

Tag zur Probearbeit einzuladen. Er sei dringend auf Personalsuche. Herr
G. sagte natürlich zu.

Zwei Monate später kündigte er seine bisherige Anstellung als Buchhändler und startete seine neue Karriere als Netzwerkadministrator. Dafür hatte er sich lediglich an zwei Abenden bei alten Bekannten mal wieder melden müssen.

Erfahrungsgemäß kennt man mehr Menschen, als man denkt. Manche
schätzt man als Freunde, andere sind gute Bekannte, und einige kennt
man nur durch Smalltalks. Über alledem stehen die vielen Begegnun-
gen in der Vergangenheit. Oft hat man sich ohne besonderen Grund
aus den Augen verloren. Solche Bekannte sollten Sie sich wieder ins
Gedächtnis rufen. Vielleicht ist ein Kontakt dabei, der Ihnen den
entscheidenden Tipp gibt.

Auf den folgenden Seiten erhalten Sie nun Gelegenheit, sich an
Ihr Umfeld zu erinnern. Es folgen Assoziationslisten. Sie dienen Ihrer
Inspiration. Damit wird Ihnen vieles wieder einfallen. Falls Sie von
einigen Bekannten keine Kontaktdaten mehr haben, können Sie zusätzlich eintragen, welche anderen Personen Sie danach fragen können.

Machen Sie es sich nun gemütlich und nehmen sich ausreichend
Zeit. Gehen Sie in Ruhe Punkt für Punkt durch und erstellen Sie eine
Namensliste:

	Namen	Telefonnummer oder E-Mail-Adresse	Personen, die ich danach fragen könnte
Aktuelle Freunde und Verwandte?			

Luca Rohleder

	Namen	Telefonnummer oder E-Mail-Adresse	Personen, die ich danach fragen könnte
Weiterer Bekanntenkreis?			
Schulkameraden?			
Lehrer/innen?			
Frühere Spielkameraden?			

Recherche

	Namen	Telefonnummer oder E-Mail-Adresse	Personen, die ich danach fragen könnte
Aktuelle oder frühere Arbeitskollegen/innen?			
Frühere Vorgesetzte oder Chefs?			
Kollegen und Vorgesetzte bei Praktika, Neben- oder Zweitjobs?			
Mitbewohner/innen oder Nachbarn im Haus?			

Luca Rohleder

	Namen	Telefonnummer oder E-Mail-Adresse	Personen, die ich danach fragen könnte
Nachbarn in der Straße?			
Vereinsleben?			
Sonstige Gruppen, in denen man aktiv war?			
Mitreisende oder Bekanntschaften im Urlaub?			

Recherche

	Namen	Telefonnummer oder E-Mail-Adresse	Personen, die ich danach fragen könnte
Umfeld des Partners bzw. von früheren Partnerschaften?			
Personen in Fotoalben oder Bilddateien?			
Sonstige Ideen?			

Wenn Sie damit fertig sind, können Sie sich einige Fragen stellen:

- Wer arbeitet wo?
- Wo arbeiten gegebenenfalls deren Eltern bzw. Kinder?
- Sind darunter Unternehmen, Institutionen oder Behörden, die zu meiner Arbeitgeberzielgruppe passen?

Luca Rohleder

Bei vielen Personen wird Ihnen sicher bekannt sein, wo sie arbeiten. Bei anderen wiederum nicht. Dies ist dann ein guter Anlass, sich einmal wieder zu melden. So können Sie sich erkundigen, was der eine oder andere beruflich macht. Oder wie die letzten Jahre ganz allgemein gelaufen sind, wie es mit der Liebe und dem Leben steht. Vielleicht möchten Sie aber auch einige nur kurz über Ihre Jobsuche informieren. Es gibt zahlreiche Gründe, einmal wieder von sich hören zu lassen. Ihnen werden bestimmt genügend Anlässe einfallen.

Im Übrigen werden Ihnen später speziell zu diesen privaten Konstellationen keine vorgefertigten Gesprächsleitfäden geliefert. Das hat seinen Grund: Behalten Sie Ihren natürlichen Sprachgebrauch bei:

> Erzwingen Sie nichts. Der Spaßfaktor soll im Vordergrund stehen.

Ebenso müssen Sie nicht Ihre bisher gewählten Kommunikationskanäle ändern. Das heißt, sind Sie jemand, der eher telefoniert, dann bleiben Sie dabei. Falls Sie in der Regel den Weg per E-Mail wählen, sollten Sie dies auch weiterhin so machen.

Wenn Sie sich entscheiden, Kontakt aufzunehmen, ist es nicht wichtig, wie Sie das machen oder welche Worte Sie dabei finden. Wichtig ist nur, dass Sie dies überhaupt tun. Geben Sie Zufällen eine Chance. Am Ende dieser privaten Recherchevariante werden Ihnen hundertprozentig einige neue Ideen, Ansprechpartner oder Kontaktdaten vorliegen, auf die Sie im Vorfeld nie gekommen wären.

2.5. Alltag

Wir werden im Alltag täglich mit Unternehmen, Institutionen und Behörden konfrontiert. Man vergisst aber leicht, dass diese auch als potenzielle Arbeitgeber infrage kommen können. Sie hingegen sollten sich dessen bewusst sein. Stellen Sie sich hierzu einige Fragen:

- Welche Unternehmen fallen mir im Fernsehen und im Radio auf?

- Welche erscheinen auf Prospekten, Plakaten, Bekanntmachungen, Werbeanzeigen oder im Rahmen sonstiger Marketingauftritte?

- An welchen Arbeitgebern fahre ich täglich mit meinem Auto, Fahrrad oder mit Bus und Bahn vorbei?

- Welche Unternehmen gibt es in meiner Stadt?

- Frage ich Personen, mit denen ich Kontakt habe, wo Sie arbeiten?

- Wo bin ich selbst Kunde? Von welchen Firmen habe ich Rechnungen, Angebote oder sonstige Belege erhalten und abgelegt?

Falls Ihnen irgendwo etwas ins Auge fällt (z.B. ein Firmenschild oder ein Logo auf einem Plakat), machen Sie einfach mit Ihrem Smartphone schnell ein Foto davon. Am Schreibtisch zu Hause angekommen, können Sie dann die fehlenden Informationen (z.B. Telefonnummer, genaue Firmenbezeichnung oder E-Mail-Adresse) im Internet nachrecherchieren.

Beispiel:

Frau H. litt unter Mobbingattacken durch alteingesessene Kolleginnen. Sie war erst seit drei Monaten in dem Unternehmen beschäftigt. Zudem zeigten sich bei ihr erste Anzeichen eines Überlastungssyndroms. Ihr Lebenslauf war zudem gespickt mit Lücken sowie mit Stationen, bei denen Beschäftigungsverhältnisse nur sehr kurze Zeit andauerten.

Jetzt musste sie sich aber erst einmal vor den subtilen Angriffen der Kollegen schützen. Sie beschloss, keine Energie in diese unangenehme Situation zu stecken und ihren Arbeitgeber einfach gegen einen besseren auszutauschen. Sie wartete daher nicht ab, sondern startete ihre Bewerbungsphase sofort. Sie bat dahingehend um ein Coaching.

Sie berichtete, dass sie entweder nicht genug Stellenangebote für ihr berufliches Profil finden könne oder nicht zu Vorstellungsgesprächen eingeladen werden würde. Sie wäre an einer Teilzeitstelle als Sachbearbeiterin oder im Bereich Büroorganisation interessiert.

Wir beschlossen, die Suche regional einzugrenzen. Es sollte etwas in der näheren Umgebung gefunden werden, schließlich war ihre Arbeitgeberzielgruppe enorm groß. Nahezu jedes Unternehmen konnte auf eine Tätigkeit im kaufmännischen Bereich angesprochen werden.

Ich stellte ihr verschiedene Varianten vor, um Arbeitgeber zu recherchieren. Als ersten Schritt sollte sie eine Liste machen, bei welchen Unternehmen sie selbst Kundin war. 15 Firmen konnten so spontan notiert werden. Danach sichtete Frau H. alle Belege, Angebote und Rechnungen, die sich bei ihr zu Hause in ihrer privaten Ablage befanden. Zehn weitere passende Arbeitgeber kamen hinzu.

Als nächsten Schritt sollte Frau H. herausfinden, welche Arbeitgeber in ihrem Stadtviertel ansässig sind. Sie nahm sich einen Stadtplan vor und stellte sich eine Tour zusammen. Zu Fuß oder per Fahrrad schaute sie sich in ihrer näheren Umgebung jeden Straßenzug an. Entdeckte sie ein Firmenschild, machte sie davon ein Foto mit ihrem Mobiltelefon. Nebenbei achtete sie auf Werbeplakate, die regionale Arbeitgeber zeigten. Nach drei Vormittagen war die Recherche vor Ort abgeschlossen. Danach hatte sich ihre Arbeitgeberzielgruppe um weitere 30 Unternehmen erweitert.

Insgesamt hatte Frau H. nun 55 potenzielle Arbeitgeber zur weiteren Bearbeitung vorliegen. Jedoch wurden diese nicht mehr benötigt, denn es ergab sich ein glücklicher Umstand: Während der Recherche in ihrem Stadtviertel stand sie einmal vor einem Sanitätshaus. Dabei wurde sie von einer Dame angesprochen. Sie fragte freundlich nach, ob sie helfen könne. Frau H. machte den Eindruck, als ob sie etwas suche. So kam man ins Gespräch.

Es stellte sich heraus, dass die Dame die Inhaberin selbst war und schon längere Zeit darüber nachgedacht hatte, eine Verstärkung für die Administration einzustellen. In diesem Bereich wäre ihr die Arbeitsbelastung mittlerweile zu hoch, so die Inhaberin. Frau H. wurde angeboten, doch einmal Bewerbungsunterlagen vorbeizubringen. Da Frau H. immer einige Exemplare mit sich führte wenn sie vor Ort recherchierte, konnte sie sofort ihre Unterlagen aushändigen.

Drei Tage später bekam Frau H. einen Anruf, ob sie an einem Vorstellungsgespräch interessiert sei. Eine Woche später unterschrieb sie den Arbeitsvertrag.

Erfahren Sie im Alltag auf andere Weise zufällig von Arbeitgebern, können Sie ähnlich vorgehen. Tippen Sie den Namen einfach in Ihr Smartphone ein oder notieren Sie sich die Daten auf einem Zettel. So können Sie Ihre Arbeitgeberliste stetig erweitern.

2.6. Social Media

Online-Communitys bieten einige Vorteile, wenn es um die Recherche von Ansprechpartnern und Arbeitgebern geht. Diesen „Social-Media-Markt" teilen in der Hauptsache nur vier Anbieter unter sich auf:

- Facebook (Allrounder, Zielgruppe eher private Kontakte)

- LinkedIn (Schwerpunkt: internationale berufliche Kontakte)

- XING (Schwerpunkt: D, CH und A, berufliche Kontakte)

- Twitter (Schwerpunkt: International, eher öffentlich bekannte Kontakte, Prominente und Medienvertreter)

Wird Ihnen irgendwo ein Name genannt, können Sie diesen schnell einmal eintippen und sich von den Suchtreffern überraschen lassen. Demgemäß ist es durchaus sinnvoll, zumindest für Recherchezwecke bei dem einen oder anderen Social-Media-Anbieter Mitglied zu sein. So können Sie andere Profile einsehen bzw. darauf zugreifen.

Sind Sie dort angemeldet bzw. haben dort ein Profil eingerichtet, können Sie darüber hinaus selbst kontaktiert werden. Es ist durchaus denkbar, dass jemand Sie erreichen möchte und Ihre Daten gerade nicht parat hat. So sind Sie online schnell zu finden. Man kann Ihnen bequem eine Nachricht zukommen lassen.

Auch im Umkehrschluss kann dies angenehm für Sie sein. Falls Ihnen einmal von einem namentlich bekannten Ansprechpartner die direkte E-Mail-Adresse oder die Telefondurchwahl nicht vorliegen sollte, können Sie ihn trotzdem auf simple Art und Weise kontaktieren.

Obwohl Onlinenetzwerke umstritten sind, ist es heute dennoch eine Selbstverständlichkeit, in einem Netzwerk zumindest für Businesskontakte dabei zu sein. Sie müssen lediglich eine gewisse Vorsicht walten lassen: Erstens bezweifle ich, dass die gesetzlichen Datenschutzbestimmungen bei den jeweiligen Anbietern tatsächlich eingehalten werden, und zweitens sind einmal ins Internet eingestellte Daten grundsätzlich nicht mehr restlos löschbar. Das alles ist nicht weiter dramatisch, wenn Sie darauf achten, keine intimen Daten und Fotos ins World Wide Web hochzuladen.

> Online eingestellte Daten sind wie Tätowierungen. Hat man sich dafür entschieden, ist dies nicht mehr umkehrbar.

Selbst dann, wenn ein Betreiber einer Internetseite bereit sein sollte, Ihre eingestellten Angaben wieder zu löschen, so müssen Sie davon ausgehen, dass Ihre gesamten Daten zwischenzeitlich durch andere Onlinedienstleister weiterverarbeitet wurden. Dennoch empfehle ich Ihnen grundsätzlich:

- Sie sollten auf jeden Fall Ihren Berufswunsch ins Netz stellen.
- Einige ausgewählte Teile Ihrer Berufserfahrungen ebenso.

Insbesondere den Inhalt Ihrer Profilanalyse können Sie bedenkenlos veröffentlichen, schließlich versenden Sie ihn in Form von Bewerbungsunterlagen permanent an Ihnen unbekannte Personen. Solche Berufserfahrungen lassen sich beispielsweise beim Onlinenetzwerk XING sehr professionell veröffentlichen (Jobbörsen und Arbeitgeberprofile werden dort ebenfalls angeboten). Dabei sollten Sie grundsätzlich immer nur über Kernkompetenzen sprechen, anstatt die Namen Ihrer bisherigen Arbeitgeber preiszugeben. Falls irgendwo Fotos hochzuladen sind, lege ich Ihnen ans Herz, sich auf eine einzige Aufnahme zu beschränken. Nehmen Sie einfach Ihr offizielles Bewerbungsfoto und ernennen Sie dieses ab sofort zu Ihrem PR-Bild.

Haben Sie sich schließlich mit Ihrem Onlineprofil ausreichend beschäftigt, können Sie bequem Personen oder Firmen recherchieren. Benötigen Sie zudem Zusatzinformationen über bestimmte Ansprechpartner, ist dies ebenso oft einfach und schnell machbar (z.B. aktuelle Position, Anstellungsdauer).

Falls Sie schon jetzt ein engagiertes Mitglied eines Onlinenetzwerks sind, können Sie durchaus einmal Ihre Kontakte bzw. „Freunde" durchklicken und sich die bereits bekannten Fragen stellen:

- Wer arbeitet wo?

- Wer kann mir Ansprechpartner oder Kontaktdaten nennen?

Sie sehen, es geht immer wieder um das gleiche Prinzip: Welche Firmen gibt es grundsätzlich? Sind diese für mich interessant? Und wenn ja, wie komme ich an erste Kontaktdaten heran?

2.7. Fazit

In letzter Konsequenz haben Sie bei der Recherchearbeit nichts anderes zu tun, als Kontaktdaten von infrage kommenden Arbeitgebern zu sammeln. Am Ende Ihrer Bemühungen sollten Sie sich im Klaren sein, welche Arbeitgeber zu Ihrer Zielgruppe zählen. Es ist optimal, wenn Ihnen jetzt 200-300 potenzielle Firmennamen vorliegen. Selbstverständlich ist diese Anzahl von Ihrer Branche und Ihrem gewünschten Tätigkeitsbereich abhängig. Falls Ihnen diese Menge zu hoch erscheint, sollten Sie bedenken:

- Je höher die Anzahl möglicher Arbeitgeber ist, umso mehr freie Stellen werden Sie später entdecken.

- Je mehr freie Stellen Ihnen vorliegen, umso höher ist die Anzahl erwünschter Bewerbungen.

- Je öfter Sie sich (sinnvoll) bewerben, umso öfter werden Sie zu Vorstellungsgesprächen eingeladen.

- Je mehr Gespräche Sie führen können, umso mehr Jobzusagen werden Sie erhalten.

- Je größer die Auswahl möglicher Jobs ist, umso machtvoller ist Ihre Position gegenüber Arbeitgebern.

Sie können also schon während Ihrer Recherchearbeit komfortable Grundlagen für Ihren Karrierestart legen. Zur Wiederholung:

Im Idealfall sollten Sie 200 bis 300 Arbeitgeber recherchieren.

Wenn Sie dann Ihre Recherchephase abgeschlossen haben, verfügen Sie bezüglich allen Sie betreffenden Arbeitgeber über folgende Informationen:

- Firmenbezeichnung
- Allgemeingültige E-Mail-Adresse
- Oder erste Telefonnummern (meist Zentrale)

Manchmal sind Ihnen schon die Namen der zuständigen Ansprechpartner bekannt. Vielleicht sind Sie sogar schon im Besitz von Telefondurchwahlen oder direkten E-Mail-Adressen. Obwohl das Vorhandensein dieser konkreten Kontaktdaten ideal wäre, sind diese Informationen jetzt noch nicht zwingend erforderlich. Sie werden in dem jetzt anstehenden zweiten Schritt des vorgestellten Ablaufplans sowieso ermittelt.

3 Kontakt

Erst jetzt beginnt die Fahndung nach offenen Stellen. Dafür müssen Sie mit den zuvor recherchierten Arbeitgebern Kontakt aufnehmen. Folgende Informationen sind einzuholen:

- Ob und wann Stellen vakant sind
- Name des zuständigen Ansprechpartners
- Telefondurchwahlen und direkte E-Mail-Adresse

Es wird nochmals ausdrücklich darauf hingewiesen, sich erst dann zu bewerben, wenn Sie dafür „grünes Licht" bekommen haben. Weil die meisten Bewerber die direkte Kontaktaufnahme zu potenziellen Unternehmen, Institutionen oder Behörden scheuen, werden Bewerbungsunterlagen in der Regel zu einem viel zu frühen Zeitpunkt versendet.

Natürlich ist es bequem, ohne die Beschaffung grundsätzlicher Informationen Bewerbungen zu versenden. Zudem war man aktiv und kann sich einreden, für seinen Berufseinstieg etwas getan zu haben. Die Bewerbung wird dann an eine ominöse „Personalabteilung" adressiert (obwohl die wenigsten Abteilungen heute noch so bezeichnet werden), und das Anschreiben wird mit einem unpersönlichen „Sehr geehrte Damen und Herren" eröffnet. Man hofft, dass sich jemand damit befassen wird. Solche Bewerber verfolgen damit die gleiche Strategie wie hunderte andere Jobsuchende auch. Man weigert sich, den Gedanken aufkommen zu lassen, dass der betreffende Arbeitgeber mit der Bearbeitung eingehender Unterlagen vielleicht überhaupt nicht mehr nachkommt – oder im Extremfall schon längst damit aufgehört hat, sich mit pauschal versandten Initiativbewerbungen (Blindbewerbungen) näher zu befassen.

Luca Rohleder

Erstaunlicherweise trifft man immer wieder auf Jobsuchende, die eine solche nostalgische Strategie verfolgen und sich zugleich über mangelndes Feedback wundern oder sich sogar bitterböse beschweren, dass sie ihre Unterlagen nicht mehr zurückerhalten. Obwohl sie im Vorfeld niemand darum gebeten hat, sich zu bewerben, erwarten diese Arbeitssuchenden maximales Engagement auf der Arbeitgeberseite. Nach dem Motto: „Ich selbst mache mir vorab keine Mühe herauszufinden, ob eine Bewerbung sinnvoll ist. Ich gehe nicht das Risiko der persönlichen Ablehnung bei einer Kontaktaufnahme ein. Ich versende viel lieber bequem, planlos und auf das Geratewohl meine Unterlagen. Lieber soll sich das Unternehmen den Kopf darüber zerbrechen, ob es etwas Passendes für mich hat oder nicht."

Zudem gibt es Bewerber, die sich öffentlich damit brüsten, sich dutzende Male beworben zu haben. Seltsamerweise hätte sich jedoch nie etwas ergeben. An ihnen läge es nicht, so rechtfertigen sie sich. Sie stellen immer wieder fest, dass sie schließlich genug Engagement gezeigt hätten.

Werden solche Fälle genauer analysiert, offenbart sich meist, dass sich die Betroffenen auf das Erstellen und Eintüten (oder mailen) von Bewerbungsmappen spezialisiert haben. Allerdings nicht auf das Bewerben auf freie Stellen.

Je länger das Gros der Jobsuchenden (im Übrigen Ihre Mitbewerberinnen und Mitbewerber) noch an altmodischen Bewerbungsstrategien festhält, umso größer ist Ihr Vorsprung. Sie können unbesorgt davon ausgehen, dass das noch lange so bleiben wird. Die alte Technik, sich initiativ zu bewerben, ist für die meisten zu bequem, als dass sie davon ablassen würden. Demnach hält erfahrungsgemäß (trotz Aufklärung) die Mehrzahl aller Bewerberinnen und Bewerber an der althergebrachten Vorgehensweise fest.

Sie hingegen werden ab sofort cleverer agieren, schließlich möchten Sie Ihr Bewerbungshandicap kompensieren. Beginnen Sie also schon im Vorfeld Ihrer Bewerbung, Kontakt aufzunehmen. Stellen Sie selbst sicher, dass Ihre Dokumente Beachtung finden. Holen Sie sich zunächst das Okay vom Arbeitgeber ein. Sie sollten es ablehnen, auf das „Prinzip Hoffnung" zu setzen, und vorab überprüfen, ob Ihre Bewerbung erwünscht ist. Somit erhöhen Sie die Wahrscheinlichkeit deutlich, dass Ihre Unterlagen nicht irgendwo im Unternehmen verloren gehen bzw. unberücksichtigt bleiben. Darüber hinaus unterliegen Sie nicht der Selbsttäuschung, aktiv gewesen zu sein.

> Und ganz nebenbei erfahren Sie von freien Stellen, von denen viele andere Bewerber wahrscheinlich nichts wissen.

Selbstverständlich müsste auch klar sein, dass die Kontaktaufnahme nicht in allen Fällen gelingt. Darüber hinaus müssen Sie damit rechnen, auch an überlastete oder unmotivierte Mitarbeiter zu geraten.

Ist die direkte Kommunikation mit zuständigen Mitarbeitern nicht möglich, bleibt Ihnen leider nichts anderes übrig, als sich ausnahmsweise unpersönlich und pauschal zu bewerben. Dennoch sollten Sie grundsätzlich versuchen, eine solche unvorteilhafte Konstellation zu verhindern. Im Übrigen ist das in mehr Fällen möglich, als Sie vielleicht derzeit vermuten. Das heißt:

> Versuchen Sie IMMER im Vorfeld Kontakt aufzunehmen.

Aus Ihrer Recherchearbeit liegen Ihnen nun zahlreiche Arbeitgeber vor, die zu kontaktieren sind. Dabei haben Sie jedoch keine Zeit, bei jedem einzelnen Arbeitgeber großartigen Aufwand zu betreiben. Dafür ist die Zahl der notwendigen Kontaktaufnahmen zu hoch.

> Je höher Ihre Schlagzahl ist, umso höher ist die Wahrscheinlichkeit, auf eine verdeckte Position zu stoßen.

Erst dann, wenn Sie eine freie Stelle entdeckt haben, gibt es tatsächlich einen Anlass, sich konzentriert, zeitaufwendig und professionell zu bewerben. Soweit sind Sie jedoch an dieser Stelle Ihrer Aktivitäten noch nicht. Jetzt gilt es zunächst, so effektiv wie möglich zu sein. Hüten Sie sich davor, zu viel Zeit zu verschwenden. Nur so können

Sie es schaffen, zahlreiche Arbeitgeber auf freie Positionen „abzu-klopfen". Daher stelle ich Ihnen einfache und schnelle Kontakttech-niken vor. Später werden Sie zudem noch erfahren, dass diese Form der Kommunikation besonders erfolgreich ist.

Grundsätzlich gibt es drei Möglichkeiten zur Kontaktaufnahme, um sich das Okay für Ihre Bewerbung einzuholen:

1. Persönlicher Kontakt

2. Telefonate

3. E-Mails

Welche Variante am zweckmäßigsten ist, hängt von Ihrer Branche, Ihrer angestrebten Tätigkeit und vor allem von Ihrem Naturell ab. Versuchen Sie dennoch, alle drei Möglichkeiten in die Praxis einmal zu testen. So werden Sie schnell herausfinden, welche Strategie spezi-ell für Ihre Ausgangssituation am erfolgreichsten ist. Erfahrungsge-mäß führt jedoch der Mix aller drei Kommunikationswege zu den besten Ergebnissen.

Für alle drei Formen der Kontaktaufnahme werden nun konkrete Formulierungen vorgeschlagen. Sie erhalten auf den nächsten Seiten telefonische Gesprächsleitfäden, E-Mail-Texte und Mustervorlagen für persönliche Gespräche. Im täglichen Einsatz haben sie sich als diejenigen mit den besten Erfolgsquoten herauskristallisiert, das heißt, sie sind auf Effizienz überprüft.

3.1. Persönlicher Kontakt

Wie Sie nun wissen, sind auf Messen oder im Rahmen sonstiger Gele-genheiten, in denen Sie auf Mitarbeiter und Führungskräfte von Un-ternehmen stoßen, Erstanfragen möglich. Darüber hinaus können Sie auch beim Arbeitgeber vor Ort zuständige Ansprechpartner oder freie Stellen erfragen.

Leider ist diese persönliche Variante auch die zeitintensivste. Wie bereits erläutert, sollten Sie grundsätzlich auf den Zeitfaktor achten. Schließlich möchten Sie so viele Arbeitgeber wie möglich „abarbeiten". Demnach sollten Sie im Einzelfall abwägen, ob die zu erwartenden Ergebnisse im richtigen Verhältnis zum benötigten Zeitaufwand stehen.

Vergessen Sie bitte nicht, dass Sie an dieser Stelle Ihrer Strategie noch nicht an das Bewerben denken sollten. Es ist nicht erforderlich, sich im Übermaß zu verkaufen, voreilig die Zusage für einen neuen Job anzustreben oder sich sogar anzubiedern:

> Sie möchten lediglich offene Positionen entdecken, Kontaktdaten oder die richtigen Ansprechpartner herausfinden.

Sie müssen unbekannten Menschen lediglich zwei bis drei kurze Fragen stellen - nichts weiter. Es kostet vielleicht etwas Überwindung, aber es gibt keinen Anlass, sich unnötig unter Druck zu setzen, nervös zu sein oder sich die ganze Sache komplizierter vorzustellen, als sie tatsächlich ist. Im Allgemeinen werden Sie es mit freundlichen Menschen zu tun haben.

Es ist in erster Linie nicht entscheidend, wie gut oder auf welche Weise Sie dies alles machen, sondern es geht darum, dass Sie es überhaupt tun.

Beispiel:

Frau K. war Einzelhandelskauffrau. Vor ihrer Auszeit aufgrund eines Burnouts war sie Filialleiterin eines Ladengeschäfts für Schmuck und Accessoires.

Sie wusste nur zu gut, dass es im Einzelhandel nicht üblich ist, interessante Positionen öffentlich als Stelleninserate auszuschreiben. Sie fragte sich, ob sie in der Lage sei, sich gut zu präsentieren. Der Fall, dass sie nun auf andere zugehen müsse, bereitete ihr ein wenig Kopfschmerzen. Sie bat um einen Trainingstermin, um sich besser vorstellen zu können.

Ich stimmte zu, dass es insbesondere für den Einzelhandel zweckmäßig ist, vor Ort den Kontakt aufzunehmen. Arbeitgeber, bei denen Kunden

Luca Rohleder

üblicherweise spontan ein- und ausgehen, sind grundsätzlich für einen unangekündigten Besuch gut geeignet.

Frau K. hatte jedoch das Ziel, sofort einen Entscheidungsträger anzusprechen, um ihn dann von ihrer Motivation und Qualifikation zu überzeugen. Ich gab ihr den Tipp, diesen anspruchsvollen und sicher auch anstrengenden Plan aufzugeben. Sie solle sich das Leben nicht unnötig schwer machen und versuchen, das Ganze eher spielerisch anzugehen. Schließlich gäbe es für Sie genug potenzielle Arbeitgeber.

Folgende Vorgehensweise wurde ihr empfohlen: Sie sollte die Geschäftsräume betreten, die erstbeste freie Mitarbeiterin ansprechen und dieser mitteilen, dass sie sich bewerben wolle. Darüber hinaus sollte sie fragen, ob dies sinnvoll und wer ihr Ansprechpartner sei. Mehr nicht - alles Weitere würde sich ergeben.

Die Formulierungen wurden kurz einstudiert, und es wurde eine Route durch zwei Fußgängerzonen naheliegender Städte geplant. Dort war auf engstem Raum ein Großteil der Arbeitgeberzielgruppe von Frau K. anzutreffen. So war es möglich, viele Geschäfte in einem überschaubaren Zeitraum zu besuchen. Alle anderen Einzelhändler, die zu entfernt gelegen waren, konnten per Telefon oder E-Mail kontaktiert werden.

In diesem Fall handelte es sich um zwei große, renommierte Fußgängerzonen. So benötigte Frau K. zwei volle Tage, um die Geschäfte ihrer Branche abzuarbeiten.

Schließlich hatte sie zirka 80 Geschäfte besucht und etwa 50 Visitenkärtchen sowie Kontaktdaten eingesammelt. Darunter waren Inhaber, Personalleiter und andere Entscheidungsträger. Ihr wurde zwanzig Mal das Okay für eine Bewerbung gegeben. Zudem hatte sie fünf offene Stellen entdeckt, die sofort zu besetzen waren. Theoretisch konnte sie jetzt ihre Bewerbungsphase starten. Dazu kam es allerdings nicht mehr. Frau K. hatte nämlich einen Volltreffer gelandet.

Einmal betrat sie ein Geschäft für hochwertige Wohnaccessoires, in dem der Inhaber selbst an der Kasse stand. Überraschenderweise war er ein ehemaliger Mitarbeiter von ihr - noch aus der Zeit, als sie als Filialleiterin tätig war.

Erfreut über diesen Zufall, wurde Frau K. zu einem Kaffee eingeladen und der ehemalige Mitarbeiter erzählte ihr, dass er sich mittlerweile erfolgreich selbstständig gemacht hatte. Stolz berichtete er, dass er letzte Woche schon seine vierte Filiale eröffnet habe. Seine besten Verkäuferinnen seien dort gerade eingesetzt, um das neue Geschäft ins Laufen zu bringen. Deshalb stehe er hier selbst hinter der Kasse. Normalerweise übernehme er bei neuen Filialen persönlich die Leitung und eigentlich müsste er schon längst dort sein, so der ehemalige Mitarbeiter, allerdings könne er sich nicht zerteilen.

Er suche dringend eine kompetente Filialleiterin hier vor Ort, der er vertrauen könne...

Jedoch ist nicht jedes Unternehmen für einen unangekündigten Besuch geeignet. Damit Sie für sich diese Frage klären können, gibt es eine Grundregel:

> Je mehr es bei einem Arbeitgeber üblich ist, spontan Kundenbesuche zu empfangen, umso eher ist diese Kontaktvariante zu bevorzugen.

Streben Sie hingegen eine Branche an, in der Kunden eher selten nach Belieben ein- und ausgehen, sollten Sie diese Arbeitgeber nur im Rahmen von Messen und öffentlichen Veranstaltungen oder bei ähnlich gelagerten Anlässen persönlich ansprechen.

Beispiel:

Herr L. war eigentlich Industriekaufmann. Er wollte die Branche wechseln und als festangestellter Immobilienmakler Fuß fassen. Im ersten Schritt machte er erst einmal ein Praktikum bei einem etablierten Bauträger.

Einmal wurde Herr L. beauftragt eine Präsentation für einen Bebauungsplan administrativ zu begleiten. Zu dieser Veranstaltung erschienen Vertreter der Stadt, einiger Architektenbüros sowie Bauunternehmen. Herr L. war darüber sehr erfreut, dort würde er viele potenzielle neue Arbeitgeber treffen.

Als der Event schließlich stattfand, nutzte er die Pause. Er holte sich einen Kaffee und wartete ab, bis an allen Stehtischen des Vorraums Personen standen. Bei einem Tisch, der nicht voll besetzt war, fragte er nach, ob noch ein Plätzchen für ihn frei sei. Freundlich bejahte man die Frage. Herr L. kam ins Gespräch.

Man sprach über Gott und die Welt und natürlich auch über die gerade gezeigte Präsentation. Er erkundigte sich, wie es der Branche gehen würde, wie die Zukunftsaussichten wären und vieles mehr. Selbstverständlich sprach er auch an, dass er gerade seinen Tätigkeitsbereich wechseln wolle. Er fragte nach, ob jemand der Anwesenden vielleicht Tipps hätte, welche Unternehmen der Branche besonders interessant sein könnten. Alle sprachen einige Empfehlungen aus. Herr L. machte sich Notizen.

Ein anwesender Herr zeigte allerdings eine verbindlichere Reaktion. Bewerben sie sich doch bei uns, sagte der Vertreter eines etablierten Baukonzerns. Senden sie einfach Ihre Bewerbungsunterlagen an unsere Personalabteilung.

Herr L. war sich sehr wohl bewusst, dass ihm dieser allgemeingültige Tipp wohl nicht weiterhelfen würde. Vordergründig stimmte er freundlich zu, um anschließend nachzuhaken, an wen er denn genau seine Bewerbung zu richten hätte. Das wisse er gerade nicht, er könne sich allerdings intern erkundigen, erwiderte der freundliche Mann am Tisch gegenüber. Herr L. fragte nach einer Visitenkarte und ob er ihm die nächsten Tage eine E-Mail zusenden dürfe. Der Mitarbeiter des Baukonzerns fand diese Idee sehr gut, stimmte zu und gab ihm sein Kärtchen.

Herr L. schrieb gleich am folgenden Tag eine E-Mail. Er bedankte sich zunächst für die Visitenkarte, um sich danach nach dem zuständigen Ansprechpartner zu erkundigen. Anscheinend wurde seine Nachricht intern weitergeleitet, denn noch am gleichen Tag ging eine Antwort von der Personalchefin ein. Herr L. könne seine Bewerbungsunterlagen gerne zu ihren Händen senden, bot sie ihm an.

Zwei Wochen später wurde er zu einem Vorstellungsgespräch eingeladen. Vier Wochen danach unterschrieb er seinen Arbeitsvertrag.

Für Gelegenheiten, bei denen Sie auf Arbeitgeber bzw. auf deren Mitarbeiter treffen, ist es ratsam, Folgendes zu beachten:

- Möchten Sie jemanden ansprechen, suchen Sie zunächst den Augenkontakt und gehen dann mit einem Lächeln auf ihn/sie zu.

- Ziehen Sie Ihre Schultern leicht nach hinten und achten Sie auf eine aufrechte Körperhaltung.

- Schauen Sie während des Gesprächs immer wieder gelassen in die Augen Ihres Gegenübers (bitte kein permanentes Starren).

Kontakt

- Ihr Outfit sollte dem Kleidungsstandard entsprechen, der im angestrebten Berufsalltag üblich ist.

- Geben Sie erst dann die Hand, wenn Ihnen der Händedruck angeboten wird.

- Lassen Sie Ihren Gesprächspartner grundsätzlich aussprechen. Auch dann, wenn er sich eher profiliert, als sich für Sie zu interessieren.

- Das Ziel ist mindestens der Erhalt eines Namens, einer Visitenkarte, einer Telefonnummer oder einer E-Mail-Adresse.

- Im Anschluss des Gesprächs sollten Sie sich die wichtigsten Informationen notieren (z.B. auf der Rückseite der erhaltenen Visitenkarten).

Um Ihnen den Kontakt zu erleichtern, werden jetzt konkrete Formulierungen für die Erstanfrage vorgestellt.

Eine einfache und für das Gegenüber angenehme Form des Gesprächsaufbaus ist der Einsatz von Fragen. Je nach Gelegenheit und persönlicher Ausgangssituation, können Sie sich einige Varianten herauspicken und in der Praxis anwenden.

„Entschuldigung, darf ich Ihnen eine Frage stellen (…, darf ich Sie kurz ansprechen)?"

„Ich suche eine Tätigkeit als .... und würde mich sehr gerne bei Ihrem Unternehmen bewerben. Denken Sie, dass das momentan sinnvoll ist, und können Sie mir gegebenenfalls einen Ansprechpartner nennen?"

„Ihr Unternehmen macht auf mich einen hochinteressanten Eindruck. Wie kann ich nähere Informationen erhalten?"

„Ich informiere mich gerade über Ihre Branche. Könnten Sie mir vielleicht einen Tipp geben, wo ich weiterführende Informationen bekomme?"

„Ich bin .... von Beruf und suche gerade einen neuen Job im Bereich .... Denken Sie, dass es momentan sinnvoll ist, sich auch bei Ihrem Unternehmen zu bewerben?"

„Wie kann ich herausfinden, wer in Ihrem Haus für mich zuständig ist?"

„Wenn Sie heute den beruflichen Wiedereinstieg suchen würden, welchen Weg würden Sie einschlagen?"

„Zu welcher Vorgehensweise würden Sie raten, wenn ich mich bewerben will?"

Luca Rohleder

„Haben Sie vielleicht einen grundsätzlichen Tipp, wenn ich meine Branchen wechseln möchte?"

„Ich werde im MM/JJJJ meine Berufsausbildung als .... erfolgreich abschließen. Denken Sie, dass es für mich Perspektiven in Ihrem Unternehmen geben könnte?"

„Welche Kenntnisse und Fähigkeiten werden bei Ihnen am meisten gesucht?"

„Haben Sie vielleicht eine Idee, welche weiteren Unternehmen für mich interessant sein könnten?"

„Ich möchte mich sehr herzlich für das Gespräch bedanken. Haben Sie vielleicht ein Kärtchen für mich?"

„Vielen Dank für das Gespräch. Das hat mir sehr weitergeholfen. Falls ich noch Fragen habe, darf ich Sie nochmals kontaktieren? Bevorzugen Sie E-Mail oder eher Telefon?"

„Nun muss ich aber leider weiter. Herr/Frau ...., das Gespräch war für mich äußerst interessant. Darf ich wieder auf Sie zukommen, falls ich noch Fragen hätte?"

„Die Informationen haben mir sehr weitergeholfen. Haben Sie vielleicht eine Infobroschüre oder Ähnliches für mich? Sind darin Ihre Kontaktdaten enthalten?"

etc.

Falls Sie noch ungeübt sind, unbekannte Menschen anzusprechen, können Sie zum entsprechenden Anlass durchaus einen Spickzettel mit den vorgestellten Fragestellungen mitnehmen. In unbeobachteten Augenblicken können Sie dann immer mal wieder einen Blick darauf werfen.

Später, wenn Sie im Gesprächsaufbau mehr Routine entwickelt haben, werden Sie Ihre eigenen Redewendungen finden und erfolgreich einsetzen können (falls das nicht schon jetzt so sein sollte).

Auf der nächten Seite sehen Sie eine Kopiervorlage: Sie können diese auf A4 vergrößern, mit eigenen Formulierungen ergänzen und als Spickzettel einsetzen.

Lächeln und in die Augen schauen
Aufrechte Körperhaltung
Erst dann die Hand geben, wenn Sie angeboten wird
Keine übertriebene Höflichkeit oder gar Unterwürfigkeit
Gesprächspartner aussprechen lassen
Visitenkarte, Telefonnummer oder E-Mail-Adresse mitnehmen
Gesprächspunkte notieren (Rückseite Visitenkarte)

„Entschuldigung, darf ich Ihnen eine Frage stellen (..., darf ich Sie kurz ansprechen)?"

„Ich suche eine Tätigkeit als .... und würde mich sehr gerne bei Ihrem Unternehmen bewerben. Denken Sie, dass das momentan sinnvoll ist, und können Sie mir gegebenenfalls einen Ansprechpartner nennen?"

„Ihr Unternehmen macht auf mich einen hochinteressanten Eindruck. Wie kann ich nähere Informationen erhalten?"

„Ich informiere mich gerade über Ihre Branche. Könnten Sie mir vielleicht einen Tipp geben, wo ich weiterführende Informationen bekomme?"

„Ich bin .... von Beruf und suche gerade einen neuen Job im Bereich .... Denken Sie, dass es momentan sinnvoll ist, sich auch bei Ihrem Unternehmen zu bewerben?"

„Wie kann ich herausfinden, wer in Ihrem Haus für mich zuständig ist?"

„Zu welcher Vorgehensweise würden Sie bei einer Bewerbung raten?"

„Ich werde im MM/JJJJ meine Berufsausbildung als .... erfolgreich abschließen. Denken Sie, dass es für mich Perspektiven in Ihrem Unternehmen geben könnte?"

„Wenn Sie heute den beruflichen Wiedereinstieg suchen würden, welchen Weg würden Sie einschlagen?"

„Haben Sie für meinen Branchenwechsel einen grundsätzlichen Tipp?"

„Welche Kenntnisse und Fähigkeiten werden bei Ihnen am meisten gesucht?"

„Haben Sie vielleicht eine Idee, welche weiteren Unternehmen für mich interessant sein könnten?"

„Ich möchte mich sehr herzlich für das Gespräch bedanken. Haben Sie ein Kärtchen für mich?"

„Vielen Dank für das Gespräch. Das hat mir sehr weitergeholfen. Falls ich noch Fragen habe, darf ich Sie nochmals kontaktieren? Bevorzugen Sie E-Mail oder eher Telefon?"

„Nun muss ich aber leider weiter. Das Gespräch war für mich sehr interessant. Darf ich wieder auf Sie zukommen, falls ich noch Fragen hätte?"

„Die Informationen haben mir sehr weitergeholfen. Haben Sie vielleicht eine Infobroschüre für mich? Sind darin Ihre Kontaktdaten enthalten?"

....
....
....
....
....
....
....

Insbesondere beim Besuch von Messen oder im Rahmen unangekündigter Besuche bei Arbeitgebern kann es zweckmäßig sein, einige Bewerbungsmappen mitzuführen, um diese betreffenden Mitarbeitern zu überreichen.

Allerdings stellt sich diese Vorgehensweise als eine Gratwanderung dar. Dies wird nur dann empfohlen, wenn Sie sich sicher sind, dass alles ordnungsgemäß weitergeleitet wird. Im Zweifelsfall lassen Sie sich lediglich den Namen (bzw. Telefonnummer oder E-Mail-Adresse) des Ansprechpartners nennen und versuchen, direkt mit ihm Kontakt aufzunehmen.

Grundsätzlich sollten Sie die beiden Aktionen „Kontakt" und „Bewerbung" voneinander getrennt betrachten. So haben Sie immer einen guten Anlass mit der zuständigen Frau oder dem zuständigen Mann mehrmals zu kommunizieren. Je öfter Sie mit einem Ansprechpartner sprechen, desto höher ist die Wahrscheinlichkeit, dass Sie einen bleibenden Eindruck hinterlassen und man sich wieder an Sie erinnert.

3.2. Telefonate

Im Gegensatz zu persönlichen Gesprächen können durch Telefonate wichtige Auskünfte mit bedeutend weniger Zeitaufwand eingeholt werden. Dieser Weg der Kontaktaufnahme ist besonders für diejenigen Jobsuchenden zu empfehlen, die eine sehr hohe Zahl recherchierter Unternehmen „abzuarbeiten" haben. Ebenso muss zum Telefon gegriffen werden, wenn unangekündigte Unternehmensbesuche nicht ratsam oder keine sonstigen Anlässe nutzbar sind, persönlich auf potenzielle Arbeitgeber zu stoßen.

Für Bewerberinnen und Bewerber, die im Umgang mit dem Telefon noch ungeübt sind, ist zunächst Folgendes empfehlenswert:

- Setzen Sie sich eine Mindestanzahl von Anrufen als Ziel. Sie werden erst nach ein paar Telefonaten die notwendige Routine entwickeln können.

- Lächeln Sie beim Gespräch. Das verändert Ihre Stimme positiv.

- Viele Menschen klingen dynamischer, wenn sie während des Telefonierens stehen, gehen und/oder geschäftsmäßig gekleidet sind.

Sie werden beim Telefonieren leider auch unangenehme Erlebnisse haben (z.B. bei frustrierten Mitarbeitern oder überforderten Führungskräften). In diesen Fällen bleiben Sie gelassen und üben Sie Toleranz. Sie werden es nicht immer mit Profis zu tun haben.

Darüber hinaus werden Sie auch (gut gemeinte) Tipps zu hören bekommen, dass man beispielsweise ohne das Vorliegen von Bewerbungsunterlagen nichts sagen könne, oder Sie werden über vermeintlich bessere Vorgehensweisen für die Kontaktaufnahme belehrt. Auch hier sollten Sie sich nicht verunsichern lassen, sondern vielmehr genießen, dass sich Ihr Gegenüber in diesem Moment schon mit Ihnen beschäftigt und auseinandersetzt, ohne sich dessen bewusst zu sein.

Für so manchen Jobsuchenden ist das Telefonieren ungewohnt. Viele scheuen sich davor. Falls dies auch bei Ihnen so ist, sollten Sie sich überwinden.

Nehmen Sie sich vor, täglich mehrere Telefonate zu absolvieren, so kommen Sie schnell in Übung. Bereits nach wenigen Wochen werden Sie sehen, dass sich dies mehr als gelohnt hat. Die einzige Herausforderung für Sie besteht darin, dass Sie eine bestimmte Quote akzeptieren müssen. Im Extremfall können bis zu 90 Prozent aller Ihrer Anrufe vergeblich sein. Im Umkehrschluss bedeutet das aber auch:

Bei mindestens zehn Prozent aller Anrufe entdecken Sie eine offene Stelle, erhalten das wertvolle Okay für eine Bewerbung oder erfahren den Namen Ihres Ansprechpartners.

Es ist alles eine Frage der Sichtweise. Sie können auch folgende Strategie anwenden:

> Nehmen Sie sich vor, zehn Anrufe in Folge zu tätigen, dann
> werden Sie mindestens einen positiven Kontakt erleben.

Sie landen also nicht nur Treffer. Sie werden auch viele Nieten ziehen. Es ist ausschließlich eine Frage der Quote.

> Akzeptieren Sie, dass die meisten Anrufe vergeblich sein werden.

Wenn Sie dann mit dem Finden einer freien Stelle belohnt werden, von der andere Bewerber noch nichts wissen, haben sich schlagartig alle vergeblichen Anrufe rentiert.

Im Übrigen werden Sie häufig mit untergeordneten Mitarbeitern Ihres Ansprechpartners telefonieren. Sie werden erstaunt sein, wie oft man sich dabei mit Ihnen solidarisch zeigt. In solchen Situationen sollten Sie besonders konzentriert zuhören. Nicht selten gibt es wertvolle Tipps unter der Hand - sozusagen von Arbeitnehmer/in zu Arbeitnehmer/in. Sie erhalten dann Auskünfte über geplante Einstellungen, betriebliche Abläufe oder sonstige interne Spezifika („Von mir haben Sie es nicht, aber ich weiß, dass Herr Musterfrau demnächst XY plant"). Solche Insiderinformationen sind echte „Volltreffer". Sie sind der gerechte Lohn für vorangegangene Bemühungen.

Leider stellen sich viele Bewerberinnen und Bewerber das Telefonieren schwieriger vor, als es tatsächlich ist. Aus diesem Grund erhalten Sie wieder einige Musterformulierungen, um Ihnen den Gesprächseinstieg zu erleichtern. Es sind getestete Gesprächsleitfäden, die über Jahre hinweg kontinuierlich optimiert wurden. Ähnlich wie bei der persönlichen Kontaktaufnahme vor Ort gilt auch hier:

> Ist der Beginn des Gesprächs erst einmal geschafft, läuft alles
> Weitere meist wie von selbst.

Bei den nun folgenden Mustergesprächen werden drei Ausgangssituationen unterschieden. Dies ist notwendig, um das Gros aller Konstellationen im Rahmen Ihrer zuvor recherchierten Arbeitgeber abdecken zu können.

Situation 1: Ihnen liegt lediglich eine allgemeingültige Telefonnummer vor

In diesem Fall haben Sie von einem Arbeitgeber eine Telefonnummer herausgefunden, die jedoch keine Durchwahl ist. Grundsätzlich streben Sie zwar in erster Linie die Nennung einer zuständigen Person und das Okay für den Versand Ihrer Bewerbung an, allerdings ist es schon jetzt zweckmäßig, Ihr gewünschtes Einsatzgebiet anzugeben. In vielen Unternehmen gibt es für unterschiedliche Zuständigkeitsbereiche auch jeweils entsprechende Ansprechpartner. Dann weiß Ihr Gegenüber (oft die Zentrale), an wen er Sie weiterverbinden kann.

Sie können einen klar definierten Berufsabschluss (z.B. Arzthelferin) oder eine Tätigkeitsbandbreite (z.B. im Bereich Rechnungswesen) nennen. Für welche Variante Sie sich entscheiden, bestimmt Ihr spezifisches berufliches Profil, die Eindeutigkeit Ihrer Berufsbezeichnung sowie Ihr gewünschtes Einsatzgebiet. Demnach müssen Sie den nun folgenden Gesprächsleitfaden nur noch hinsichtlich Ihrer Ausgangssituation leicht modifizieren.

Sie haben nun das Telefon in der Hand und die vorab recherchierte Nummer gewählt. Am anderen Ende der Leitung meldet sich jemand. Das Gespräch beginnt:

> „Schönen guten Tag, mein Name ist Max Musterfrau. Ich möchte mich gerne als .... (alternativ: für den Bereich ....) bei Ihrem Unternehmen bewerben. Können Sie mich bitte weiterverbinden?"

Wenn Sie verbunden sind:

> „Schönen guten Tag, mein Name ist Max Musterfrau. Ich möchte mich gerne als .... (alternativ: für den Bereich ....) bei Ihnen bewerben. Wäre dies momentan sinnvoll?"

Falls Sie ein ‚Ja‘ oder Ähnliches hören:

> „Sind Sie selbst für mich zuständig?"
>
> „Können Sie mir bitte den zuständigen Ansprechpartner nennen?"
>
> „Wie ist bitte die korrekte Schreibweise des (Ihres) Namens?"

„Wünschen Sie meine Bewerbungsunterlagen per Post oder E-Mail?"

„Gibt es für meine Unterlagen besondere Anforderungen zu beachten?"

Falls sich das Telefonat zu einem netten Gespräch entwickeln sollte, bieten sich weitere Fragen an:

„Könnten Sie vielleicht noch die wichtigsten Anforderungen für die erwähnte freie Stelle nennen?"

„Gibt es neben meinem gewünschten Bereich noch weitere Stellen zu besetzen?"

„Welche spezifischen Kenntnisse und Fähigkeiten müsste ich Ihrer Meinung nach unbedingt mitbringen?"

„Haben Sie für mich noch einen grundsätzlichen Tipp?"

„Welche Tätigkeitsbereiche haben aus Ihrer Sicht die besten Karriereaussichten?"

„Herzlichen Dank für dieses informative (alternativ: angenehme) Gespräch. Ich werde Ihnen umgehend meine Unterlagen zusenden. Ich wünsche Ihnen noch einen schönen Tag".

„Können Sie schon abschätzen, wann Sie dazu kommen werden, meine Bewerbungsunterlagen zu sichten?"

Falls Sie ein Nein oder Ähnliches hören:

„Darf ich Ihnen noch eine letzte Frage stellen? Haben Sie vielleicht einen Tipp für mich, bei welchen Unternehmen ich noch anfragen könnte?"

„Wäre es eventuell sinnvoll, sich zu einem späteren Zeitpunkt wieder zu melden?"

„Zu welcher Vorgehensweise würden Sie grundsätzlich raten?"

Situation 2: Ihnen wurde ein Ansprechpartner namentlich empfohlen

In diesem Fall haben Sie über Dritte den Namen eines Ansprechpartners genannt bekommen. Beispielsweise durch einen Bekannten, durch einen Kontakt auf einer Messe oder durch eine sonstige Begebenheit. So kennen Sie einen konkreten Nachnamen und können sich zugleich auf eine Referenz beziehen.

Viele Jobsuchende versenden schon bei dieser Konstellation ihre Bewerbungsunterlagen. Sie hingegen tun das bitte nicht. Rechnen Sie damit, dass sich der genannte Ansprechpartner zwischenzeitlich geändert hat oder die Angaben fehlerhaft sind. Darüber hinaus liegen Ihnen auch in diesem Fall noch keine Informationen aus erster Hand vor, ob und zu welchem Zeitpunkt eine Bewerbung sinnvoll ist.

Verzichten Sie bitte nie darauf, zumindest zu versuchen, mit derjenigen Person ein paar Worte zu wechseln, die Ihre Bewerbungsunterlagen letztendlich erhält. Erfahrungsgemäß wecken Sie so mehr Interesse auf der Gegenseite. Sie sind nicht mehr eine oder einer unter vielen Bewerbern. Zudem können Sie später schon in der Betreffzeile Ihres Anschreibens (oder Ihrer E-Mail) auf ein geführtes Telefonat verweisen. Das fördert später die Bereitschaft, sich mit Ihren dann übermittelten Bewerbungsunterlagen näher zu beschäftigen.

Das Telefonat beginnt: Sie sind im Besitz eines Namens und können demnach Ihren Ansprechpartner direkt verlangen:

„Schönen guten Tag, mein Name ist Max Musterfrau. Ich möchte bitte Frau Sabine Muster sprechen.

Falls nach dem Anlass gefragt wird:

„Ich möchte mich gerne bei Ihrem Unternehmen bewerben. Frau Muster wurde mir von Herrn/Frau XY als meine zuständige Ansprechpartnerin genannt."

Wenn Sie verbunden sind:

„Schönen guten Tag Frau Muster, mein Name ist Max Musterfrau. Schön, dass ich Sie gleich erreiche. Herr/Frau XY war so freundlich, mir Ihren Namen zu nennen. Sehr gerne würde ich mich bei Ihnen als ……… (alternativ: für den Bereich ………) bewerben. Wäre dies momentan sinnvoll?"

Alles Weitere wie Situation 1 …

Falls der genannte Ansprechpartner nicht stimmen sollte, Sie nicht verbunden werden oder Ähnliches:

> „Vielleicht können **Sie** mir weiterhelfen? Welche Vorgehensweise würden Sie empfehlen, um mich erfolgreich bei Ihrem Unternehmen zu bewerben?"

Bei dieser zweiten Situation werden Sie eine höhere Erfolgsquote erreichen. Können Sie sich auf Dritte beziehen, ist man eher bereit, Ihnen wertvolle Auskünfte zu erteilen. Das erhöht die Effektivität Ihrer Gespräche deutlich.

Situation 3: Sie haben den Namen des Ansprechpartners lediglich recherchiert

Hier haben Sie während Ihrer Recherche einen Namen im Internet, in einem „unpassenden Stelleninserat" oder an einer anderen Stelle entdeckt. Demnach liegt Ihnen zwar der Name eines vermeintlichen Ansprechpartners vor, allerdings können Sie keine Referenz nennen.

Auch hier gibt es keinen Anlass, auf die Kontaktaufnahme zu verzichten. Die Zuständigkeit könnte sich zwischenzeitlich geändert haben, oder recherchierte Daten könnten fehlerhaft sein. Zudem liegt Ihnen auch in diesem Fall aus erster Hand keine Zusage für Ihre Bewerbung vor. Das gilt ebenso für den richtigen Bewerbungszeitpunkt.

Sie haben nun eine allgemeingültige Nummer gewählt: Sie setzen zunächst voraus, dass der Name stimmt und verlangen direkt nach dem recherchierten Ansprechpartner:

> „Schönen guten Tag, mein Name ist Max Musterfrau. Ich möchte bitte Frau Sabine Muster sprechen."

Falls nach dem Anlass gefragt wird:

> „Ich möchte mich gerne bei Ihrem Unternehmen bewerben. Frau Muster liegt mir als meine zuständige Ansprechpartnerin vor."

Wenn Sie dann verbunden sind, müssen Sie Ihrem Gegenüber nicht gleich mitteilen, woher Sie seinen Namen kennen. Das würde den Text unnötig verlängern. Falls man sich dafür interessiert, können Sie immer noch erklären, woher Sie ihn haben:

> „Schönen guten Tag Frau Muster, mein Name ist Max Musterfrau. Schön, dass ich Sie gleich erreiche. Gerne würde ich mich bei Ihnen als .... (alternativ: für den Bereich ....) bewerben. Wäre dies momentan sinnvoll?"

Alles Weitere wie Situation 1 ...

Wenn der angegebene Ansprechpartner nicht stimmen sollte, Sie nicht verbunden werden oder Ähnliches, können Sie die bereits bekannte abschließende Frage stellen:

> „Vielleicht können **Sie** mir weiterhelfen? Welche Vorgehensweise würden Sie empfehlen, um mich erfolgreich bei Ihrem Unternehmen bewerben zu können?"

Falls Sie im Telefonieren noch ungeübt sein sollten, legen Sie diese Seiten neben das Telefon und lesen Sie davon ab. Dies wird Ihrem Gesprächspartner nicht weiter auffallen. Alternativ können Sie auch einen separaten Spickzettel anfertigen und davon ablesen.

Schon nach kurzer Zeit werden Sie Ihren Spickzettel nicht mehr benötigen. Selbstverständlich können Sie auch die bisher vorgestellten Texte auf Ihren natürlichen Sprachgebrauch und Ihre spezifische Situation hin leicht modifizieren. Sie sollten allerdings unbedingt darauf achten, die Einfachheit und Kürze beizubehalten. Für eine gute Erfolgsquote beim Telefonieren ist es ungemein wichtig, nicht mehr als zwei bis drei kurze Sätze für den Gesprächseinstieg zu verwenden.

Weiterhin sollten Sie erhaltene Informationen zeitnah dokumentieren. Sie werden schnell bemerken, dass Sie bereits nach wenigen Telefonaten Gefahr laufen, einige Auskünfte miteinander zu verwechseln. Schnell weiß man nicht mehr, welche Gesprächspartner was gesagt haben und mit wem man welche Vereinbarungen getroffen hat.

Deshalb finden Sie hier wieder eine Kopiervorlage (wie zuvor auf A4 vergrößern). Mit dieser Gesprächsnotiz können Sie sich schon während des Telefonierens einiges notieren.

Wiedervorlage am: .... Datum: ....

Firmenbezeichnung: ....

Abteilung: ....

Straße, PLZ, Ort: ....

Telefonnummer: ....

Gesprochen mit: Herrn/Frau ....

Zuständiger Ansprechpartner: Herr/Frau ....

Telefondurchwahl: ....

Direkte E-Mail-Adresse: ....

Gesprächsinhalt:
....
....
....
....
....
....
....

Anforderungen/Beschreibung der zu besetzenden Position:
....
....
....
....
....
....

Sonstiges:
....
....
....
....

Kontakt

Sie haben sicher bemerkt, dass in den vorgestellten Gesprächsleitfäden immer wieder auffällig ähnliche Formulierungen und Abläufe verwendet werden. Die Texte unterscheiden sich nur geringfügig. Dies ist so gewollt. Es ist ein maßgebliches Kriterium für erfolgreiche Erstgespräche. Falls Sie sich konsequent daran halten, immer wieder die gleichen Textmodule zu verwenden (auch beim „persönlichen Kontakt" vor Ort), wird Ihnen etwas sehr Erstaunliches auffallen:

> Wenn Sie immer wieder die gleichen Formulierungen verwenden, werden sich Gegenfragen und Reaktionen ständig wiederholen.

Das heiß, sind Sie es, die/der immer wieder den gleichen Text aufsagt, werden Ihre Gegenüber ebenso immer wieder mit dem gleichen Text reagieren. Sicher ist so manche Leserin und mancher Leser verwundert über diese Behauptung. Machen Sie selbst Ihre Erfahrungen. Sie werden danach zustimmen, dass sich die Kreativität Ihres Gegenübers bezüglich möglicher Reaktionen und Antworten in einer übersichtlichen Bandbreite bewegt.

Nach nur wenigen Tagen des Telefonierens werden Sie trotz unterschiedlicher Gesprächspartner den Verlauf des Telefonats schon im Voraus erahnen können. Mögliche Argumente werden Sie dann aus dem Handgelenk schütteln. Eine deutliche Erhöhung Ihrer Souveränität und Spontaneität wird die Folge sein. So wird sich Ihre Erfolgsquote rasant verbessern.

3.3. E-Mails

Falls Sie tagsüber nicht genügend Zeit zum Telefonieren haben, weil Sie beispielsweise noch berufstätig sind, können Sie zur Kontaktaufnahme auch E-Mails nutzen. Dabei müssen Sie das gleiche Grundprinzip wie beim Telefonieren anwenden.

Es gilt jedoch, einer Versuchung zu widerstehen. E-Mails verleiten schnell dazu, zu viel zu schreiben. Manche verspüren sogar den Drang, sofort Bewerbungsunterlagen mit anzuhängen. Hüten Sie sich vor diesem Anfängerfehler.

Sie sind noch nicht in der Bewerbungsphase. Zumindest für den allerersten Kontakt wird ausdrücklich empfohlen, die bisherige Vorgehensweise beizubehalten. Bleiben Sie zudem bei der Kürze und Einfachheit Ihrer Erstanfragen.

Bedenken Sie bitte, dass Sie aus der Sicht des Empfängers eine fremde Person sind. Die Beschäftigten, die Ihre Nachrichten lesen müssen, haben nicht nur einen Arbeitsalltag zu meistern, sondern sie werden wahrscheinlich tagtäglich mit unzähligen E-Mails bombardiert. Sicher wird man nicht begeistert sein, zu lange Nachrichten von unbekannten Absendern lesen zu müssen. Zudem liegt Ihnen aus der Recherchephase manchmal nur eine allgemeingültige info@-Adresse vor. Vielleicht haben Sie diese aus dem Impressum einer Homepage entnommen. Rechnen Sie damit, dass unter solchen Standard-E-Mail-Adressen täglich hunderte (meist unnötige) Nachrichten eingehen.

> Machen Sie es den Angestellten, die Standard-E-Mail-Adressen
> abzuarbeiten haben, so einfach wie möglich.

Wenn Sie maximal zwei bis drei eindeutige Sätze verwenden, stellen Sie sicher, dass Ihr Gegenüber in Sekunden entscheiden kann, ob er Ihre Nachricht an den für Sie zuständigen Ansprechpartner weiterleiten oder Ihnen sofort dessen Namen nennen möchte. Dies sind schließlich Ihre wichtigsten Ziele beim ersten Kontakt. Anschließend, wenn Sie dann sicher sind, mit der richtigen Frau oder dem richtigen Mann zu kommunizieren, können Sie immer noch weitere Angaben machen bzw. umfangreichere Texte senden. Demnach halten Sie sich bitte mit Ihrem Wunsch „Ich will mich jetzt aber bewerben" solange zurück, bis Sie den Namen des für Sie zuständigen Mitarbeiters oder Entscheidungsträgers kennen. Darüber hinaus sind zusätzliche Punkte für Ihre E-Mails zu beachten:

- Anhänge stellen ein Virenrisiko dar. Stammen diese von unbekannten Absendern, werden diese von manchen EDV-Systemen der Firmen blockiert. Hängen Sie deshalb an Ihre erste E-Mail nie eine Datei an.

- Aktivieren Sie bei Ihrer E-Mail die Funktion „Signatur". Durch den angehängten Absenderblock wirken Ihre E-Mails nicht zu anonym.

- Bei zirka 50 Prozent Ihrer Anfragen erhalten Sie innerhalb von zwei Tagen zumindest eine Antwort.

Sie erhalten wieder konkrete Formulierungen. Die jeweils zugrunde liegenden Ausgangskonstellationen sind mit denjenigen beim Telefonieren identisch. Um Wiederholungen zu vermeiden, werden sie nicht weiter kommentiert. Auch der Text wird Ihnen bekannt vorkommen. Das Prinzip, immer wieder ähnliche Textmodule zu verwenden, wird auch bei der Kontaktaufnahme per E-Mail konsequent weiterverfolgt.

Situation 1: Ihnen liegt lediglich eine allgemeingültige E-Mail-Adresse vor

Sehr geehrte Damen und Herren,

sehr gerne würde ich mich bei Ihrem Unternehmen als .... (alternativ: für den Bereich ....) bewerben. Wäre dies momentan sinnvoll und könnten Sie mir gegebenenfalls einen Ansprechpartner nennen? Vielen Dank im Voraus.

Mit freundlichen Grüßen

Max Musterfrau

Situation 2: Ihnen wurde ein Ansprechpartner inklusive E-Mail-Adresse empfohlen

Sehr geehrte Frau Muster,

Frau XY war so freundlich, mir Ihren Namen zu nennen. Sie hat mir empfohlen, mich vertrauensvoll an Sie zu wenden. Sehr gerne würde ich mich bei Ihnen als .... (alternativ: für den Bereich ....) bewerben. Wäre dies momentan sinnvoll und falls ja, welche weitere Vorgehensweise wünschen Sie?

Luca Rohleder

Situation 3: Sie haben den Namen des Ansprechpartners inklusive E-Mail-Adresse lediglich recherchiert

Sehr geehrte Frau Muster,

sehr gerne würde ich mich bei Ihnen als .... (alternativ: für den Bereich ....) bewerben.

Wäre das momentan sinnvoll und falls ja, welche weitere Vorgehensweise bevorzugen Sie?

Grundsätzlich sollten Sie den Rücklauf Ihrer Kurzanfragen abwarten. Wenn Sie erst einmal mit der richtigen Person kommunizieren, können Sie individuellere Texte verfassen.

Textmodule für den E-Mail-Verkehr

Ein Nachteil der Kontaktaufnahme per E-Mail ist die fehlende persönliche Komponente. Des Weiteren erhalten Sie vom Gegenüber nur häppchenweise wichtige Informationen. Das ist allerdings nicht weiter tragisch. Durch den Austausch mehrerer Nachrichten kann dieses Manko kompensiert werden. Sie sollten daher immer das Ziel verfolgen, mehrere E-Mails mit der zuständigen Person auszutauschen. Dies ist ein zusätzliches Argument für knappe Texte. Falls Sie sich entsprechend kurz halten, entstehen nicht nur automatisch Rückfragen, sondern Sie wecken zudem Neugier.

> Je öfter Sie Nachrichten mit einer Person wechseln, umso wahrscheinlicher ist es, dass man sich an Sie erinnert.

Für den nach der Erstanfrage sich anschließenden E-Mail-Verkehr, können Sie folgende (teilweise bekannte) Formulierungen einsetzen:

... herzlichen Dank für das schnelle Feedback. Sind für meine Bewerbungsunterlagen spezielle Vorgaben Ihrerseits zu beachten?

... zunächst danke schön für die freundlichen Worte. Wünschen Sie meine Bewerbungsunterlagen per Post oder per E-Mail?

Kontakt

... zunächst herzlichen Dank für die Nennung meines Ansprechpartners. Ich werde meine Unterlagen schnellstmöglich per E-Mail senden. Könnten Sie mir bitte noch die E-Mail-Adresse von Frau/Herrn .... nennen?

... zunächst danke schön für die prompte Antwort und die Nennung des zuständigen Ansprechpartners. Gerne werde ich Frau (Herrn) .... meine Unterlagen zukommen lassen. Ist Frau (Herr) .... telefonisch erreichbar?

... herzlichen Dank für Ihre Antwort. Ist es sinnvoll, sich zu einem späteren Zeitpunkt wieder zu melden?

... dennoch herzlichen Dank für die Information. Darf ich Ihnen noch eine letzte Frage stellen? Haben Sie vielleicht einen Tipp für mich, bei welchen Unternehmen ich noch anfragen könnte?

etc.

Im Übrigen ist der Weg per E-Mail sehr zeitsparend. Sie können an einem Vormittag sicher drei- bis viermal so viele Erstanfragen durchführen, wie bei der telefonischen Variante. Das Ganze relativiert sich allerdings recht schnell, da die Antwortquote deutlich geringer ausfallen wird.

Der Grund hierfür ist, dass manche Mitarbeiter auf der Empfängerseite überlastet sind. Es gibt tatsächlich Beschäftigte, die keine Zeit finden, sich kurz Gedanken zu machen, wer zuständig sein könnte.

Andere haben einfach keine Lust, sich intern beim Chef oder bei sonstigen Entscheidungsträgern zu erkundigen, ob und wann Ihre Bewerbung sinnvoll wäre. Man reagiert dann auf Ihre Anfragen überhaupt nicht. Im Fall von E-Mails ist dies natürlich besonders einfach. Das sind dann diejenigen Feedbacks, auf die Sie vergeblich warten. Auch darüber sollten Sie großzügig hinwegsehen.

Waren Sie bei Ihrer Recherchearbeit fleißig, können Sie genug Anfragen versenden. Die erhaltenen positiven Antworten sind dann völlig ausreichend, um Ihren neuen Job finden zu können. Vielleicht sind Sie ja zu einem späteren Zeitpunkt wieder bereit, diejenigen Erstanfragen, auf die Sie keine Reaktion erhalten hatten, erneut zu versenden. Auch Arbeitgebern sollte man eine zweite Chance geben.

Luca Rohleder

Frau M. war Modeschneiderin. Vor vielen Jahren, als sie ihre Ausbildung erfolgreich abgeschlossen hatte, erhielt sie allerdings in ihrem erlernten Beruf keine Anstellung. Durch einen Zufallskontakt konnte sie dann eine Stelle im Büro bei einem Zeitarbeitsunternehmen annehmen. Mit den Jahren arbeitete sie sich zur Assistentin der Geschäftsleitung hoch. Sie war jedoch unzufrieden und wollte wechseln. Ihr war es mittlerweile zuwider, in einer Branche tätig zu sein, in der sie tagtäglich Entscheidungen mittragen musste, die mit ihren inneren Überzeugungen im Widerspruch standen.

Frau M. wollte auf ihren eigentlichen Berufsabschluss aufbauen und wieder in der Mode- und Textilbranche Fuß fassen. Der kaufmännische Bereich interessierte sie ebenfalls. Schließlich verfügte sie über ein berufliches Profil, das auch betriebswirtschaftliche Kompetenzen umfasste.

Nachdem sie den Textilhandel sowie Modeproduzenten recherchiert hatte, wählte sie den Weg per E-Mail, um ihre Erstanfragen durchzuführen.

Nachdem Frau M. über einige Tage hinweg mit E-Mails keine Treffer erzielen konnte, erlebte sie eines Tages folgenden E-Mail-Austausch (Anrede und Schlussfloskeln werden vernachlässigt):

Frau M.:   „… gerne würde ich mich bei Ihnen als Assistentin oder Sachbearbeiterin bewerben. Wäre dies momentan sinnvoll und könnten Sie mir gegebenenfalls einen Ansprechpartner nennen? Danke im Voraus. …"

Frau Bequem: „… gerne können Sie sich bewerben. …"

Frau M.:   „… danke schön für die prompte Antwort. Sehr gerne sende ich Ihnen meine Unterlagen zu. An wen soll ich denn meine Bewerbung richten? …"

Frau Bequem: „… für Einstellungen ist unsere Personalabteilung zuständig. …"

Frau M.:   „… wünschen Sie, dass ich Ihnen meine Unterlagen per Mail zusende oder ist es zweckmäßig, der Personalabteilung direkt meine Bewerbung zu übermitteln? …"

Frau Bequem: „… besser direkt. Die E-Mail-Adresse ist sabine.muster@mail.de. …"

Frau M. verfügte jetzt nicht nur über den Namen Ihrer zuständigen Ansprechpartnerin, sondern hatte zusätzlich deren direkte (und wertvolle) E-Mail-Adresse herausgefunden. Für die Übermittlung der Bewerbungsunterlagen war es jedoch noch zu früh. Frau M. sollte sich von Frau Mustermann persönlich das Okay für eine Bewerbung geben lassen. Der richtige Bewerbungszeitpunkt fehlte ebenfalls. Es geht also weiter:

> Frau M.: „... Frau Bequem war so freundlich, mir Ihre E-Mail-Adresse zu nennen. Sie hat mir empfohlen, mich vertrauensvoll an Sie zu wenden. Sehr gerne würde ich mich bei Ihnen als Assisten-tin/Sachbearbeiterin bewerben. Wäre das momentan sinnvoll und falls ja, welche weitere Vorgehensweise wünschen Sie? ..."
>
> Frau Muster: „... keine – derzeit stellen wir niemanden ein. Allerdings wird gerade die Eröffnung einer neuen Vertriebsniederlassung geplant. Da wird sich bestimmt einiges ergeben. Falls Sie das interessieren sollte, können Sie sich in acht Wochen wieder melden ..."
>
> Frau M.: „... das interessiert mich sogar sehr. Ich werde mich wie-der melden ..."

Das waren jetzt echte Insiderinformationen - der sogenannte Volltreffer. Nach sieben Wochen (sicherheitshalber eine Woche früher) ging es weiter.

Frau M. nutzte die Antwortfunktion Ihres E-Mail-Programmes. Das heißt, Sie klickte bei der letzten Nachricht von Frau Mustermann auf ANTWORT. Dadurch wurde für Ihr Gegenüber der Inhalt des gesamten bisherigen E-Mail-Austauschs leicht nachvollziehbar (falls sich Frau Muster nicht mehr erinnern sollte):

> Frau M.: „... wie versprochen, melde ich mich wieder bei Ihnen. Sind die Themen Eröffnung Ihrer Vertriebsniederlassung sowie mögliche Einstellungen noch aktuell? ..."
>
> Frau Muster: „... ist noch aktuell. Bin jedoch bisher in dieser Sache zu nichts gekommen. Allerdings sieht es so aus, dass wir noch jemanden für

die Auftragsabwicklung benötigen. Sie können mir ja schon einmal etwas zusenden. ..."

Frau M.:   „... gerne sende ich Ihnen meine Bewerbungsunterlagen zu. Ich habe diese als PDF-Datei angehängt ..."

Wahrscheinlich war Frau Muster mit ihren übrigen Aufgaben voll ausgelastet. Sicher wusste sie, dass sie auch in den folgenden Wochen nicht dazu kommen würde, sich um die Personalauswahl zu kümmern. Deshalb ging am nächsten Tag bei Frau M. folgende Nachricht ein:

Frau Bequem: „... Frau Muster möchte Sie zu einem Vorstellungsgespräch einladen. Wäre der Mittwoch kommende Woche um 09.00 Uhr recht? ..."

Bleiben Sie beim E-Mail-Verkehr (freundlich) hartnäckig. Lassen Sie sich von zuarbeitenden Mitarbeitern nicht abschrecken, die nicht bereit sind, sich intern zu erkundigen, um Ihnen weiterführende Auskünfte zu erteilen.

Sicher wird es nicht immer möglich sein, direkt mit einem Entscheidungsträger E-Mails auszutauschen. Dennoch sollten Sie es immer wieder versuchen. So bewahren Sie sich die Chance, den richtigen Bewerbungszeitpunkt exakt zu treffen und wertvolle Insiderinformationen zu erhalten.

In der Summe wird festgestellt, dass der Schlüssel für erfolgreiche Kontaktaufnahmen in der Kürze der Anfrage sowie in der Einfachheit der Sprache liegt.

Es ist verständlich, dass viele Leserinnen und Leser eine komplexere Kommunikation bevorzugen. Ebenso werden oft längere und anspruchsvollere Formulierungen gewünscht. Zumindest für den Fall des allererersten Kontaktes wird davon unbedingt abgeraten. Kurze, fast trivial wirkende Texte haben in der Praxis die besten Rücklaufquoten erzielt.

Kontakt

3.4. Fazit

Sicher haben Sie bei allen drei Möglichkeiten der Kontaktaufnahme (persönlich, telefonisch, per E-Mail) bemerkt, dass Sie niemals direkt nach einer offenen Position fragen.

Alle vorgestellten Texte und Gesprächsleitfäden können letztendlich auf zwei grundlegende Fragestellungen reduziert werden:

1. Ist eine Bewerbung sinnvoll?
2. Wer ist mein Ansprechpartner?

Diese zwei Fragen werden dazu führen, sozusagen als Nebeneffekt, dass Sie „geheime offene Stellen" nahezu automatisch entdecken.

Berücksichtigen Sie bitte unbedingt, dass eine gewisse Ausfallquote hinzunehmen ist. Es ist nicht möglich, alle zuständigen Personen zu erreichen oder gar mit allen Menschen erfolgreiche Gespräche zu führen. Falls Sie dahingehend eine zu hohe Erwartungshaltung haben, sollten Sie diese schnellstmöglich aufgeben.

Manchmal haben Sie permanent Treffer, das heißt einen positiven Kontakt nach dem anderen, um im Anschluss eine Durststrecke durchzustehen. Konzentrieren Sie sich immer auf die Gesamtsumme aller Treffer und Neins. Es ist alles eine Frage der Verhältnisrechnung. Bedenken Sie bitte, dass Sie nur einen geringen Prozentsatz positiver Feedbacks benötigen.

In letzter Konsequenz reicht Ihnen ein einziger Volltreffer aus.

4 Bewerbung

Es ist soweit: Sie haben sich nun lange genug zurückgehalten. Jetzt können Sie sich endlich bewerben. An dieser Stelle des Ablaufplans der „Bewerbungstechniken für den verdeckten Stellenmarkt" verfügen Sie über folgende Informationen:

- Die Zusage, dass Ihre Bewerbung erwünscht ist
- Der passende Zeitpunkt für deren Übermittlung
- Der Name Ihres zuständigen Ansprechpartners

Sie haben sich selbst in eine außerordentlich gute Ausgangsposition gebracht: Ihre Bewerbung ist jetzt sinnvoll. Sie nerven keine Arbeitgeber mit dem Versand von unerwünschten Unterlagen. Eine zuständige Person ist auf Ihre eingehenden Unterlagen vorbereitet, und Sie haben eine große Chance, dass Ihre Bewerbung direkt auf dem richtigen Schreibtisch bzw. PC landet.

Sie müssen nicht mehr unter Massen von Bewerbern entdeckt werden. Es ist nicht mehr erforderlich, aus Ihren Unterlagen ein Kunstwerk zu machen, nur um irgendwie aufzufallen. Und vor allem ist die Wahrscheinlichkeit mehr als hoch, dass es wenig Konkurrenz gibt. Vielleicht sind Sie sogar die einzige Kandidatin oder der einzige Kandidat für die entdeckte Stelle. In der Summe haben Sie Ihren Wettbewerb mit anderen Bewerbern entscheidend entschärft. Im Idealfall sogar völlig eliminiert.

Im Vergleich zur Recherche- und Kontaktarbeit benötigt die Bewerbungsphase, dank Ihrer Startvorbereitungen, den geringsten Zeiteinsatz. Die Hauptarbeit ist bereits getan: Das Zusammenstellen Ihrer Bewerbungsunterlagen ist schnell erledigt. Diese liegen für den Versand bereits fix und fertig vor. Meist müssen Sie nur noch Ihr Musteranschreiben leicht anpassen. Aber auch das können Sie gelassen angehen. Wie bereits erwähnt, wird dem Anschreiben im Regelfall weniger Bedeutung beigemessen als allgemein angenommen. Haben Sie alle Empfehlungen zum Thema „Bewerbungsunterlagen" umgesetzt, ist diese Tatsache für Sie kaum relevant: Ihr Lebenslauf gleicht einer Werbebroschüre. Bereits darin werden elegant, vollständig und aussagekräftig alle Ihre Fähigkeiten und Kenntnisse gezeigt, unabhängig davon, ob Ihr Anschreiben gelesen wird oder nicht.

Jetzt geht es um die Übermittlung Ihrer Unterlagen. Je nachdem, welche Wünsche auf der Arbeitgeberseite bestehen, gibt es drei Möglichkeiten:

1. Bewerbung als Mappe per Post

2. Onlinebewerbung

3. Persönliche Übergabe von Bewerbungsunterlagen

4.1. Bewerbungsmappen

Diese Form der Bewerbung per Post existiert praktisch nicht mehr. Dennoch gibt es noch vereinzelt Unternehmen, Behörden und sonstige Einrichtungen, die diese Variante tatsächlich noch wünschen.

Ihre bereits vorbereiteten Dateien mit dem Anschreiben, Lebenslauf und den Zeugnissen sind also auszudrucken, in eine Bewerbungsmappe einzuheften und per Post zu versenden. Dabei ist auf Nachstehendes zu achten:

- Die Farbe der verwendeten Bewerbungsmappe ist unerheblich. Extreme sollten allerdings vermieden werden.

- Die Mappe sollte exakt dem A4-Format entsprechen. Dadurch können Sie ein passgenaues C4-Kuvert (eventuell mit verstärkter Rückwand) verwenden. Die Bewerbungsunterlagen können darin nicht verrutschen. Die Unterlagen erreichen den Empfänger in einem besseren Zustand.

- Teure dreiteilige Mappen zum Aufklappen können verwendet werden, dies ist allerdings kein Muss. Denn sie sind auf der Arbeitgeberseite eher umständlich zu handhaben und erhöhen den Sichtungsaufwand.

- Stabile A4-Klemmhefter sind ebenbürtig. Falls die Deckseite transparent ist, sind Ihre Unterlagen auf einem vollen Schreibtisch besser auffindbar. Zudem verringern sie den Sichtungsaufwand, weil Ihr Foto und Ihre persönlichen Daten bereits zu sehen sind, ohne dass die Mappe aufgeschlagen werden muss.

- Um den Umschlag nicht per Hand beschriften zu müssen, sollten Sie Fensterkuverts verwenden. So wirkt Ihre Post ein wenig eleganter. In diesem Fall ist Ihr Anschreiben nicht Bestandteil der Mappe. Es liegt lose oben auf, weil nur so die Empfängeradresse durch das Fenster des Kuverts erscheinen kann.

Gehen wir weiter zu der heute üblichen Variante, Bewerbungsunterlagen zu übermitteln.

4.2. Onlinebewerbungen

Der Begriff „Onlinebewerbung" umfasst gleich zwei Möglichkeiten, um Bewerbungsdaten digital zu übermitteln:

1. Der Onlineversand Ihrer Bewerbungsunterlagen per E-Mail

2. Das Eintippen Ihrer Daten in Bewerbungsportale im Internet

4.2.1. E-Mail

Zur Durchführung von Bewerbungen per E-Mail gibt es keine einheitlichen Standards. Allerdings haben sich einige Vorgehensweisen in der Praxis bewährt. Durch die in diesem Buch erläuterten Vorarbeiten (PDF, Scannen, Zusammenfassen von Dateien etc.) verfügen Sie über alle Voraussetzungen, um folgende Bedingungen mühelos erfüllen zu können:

- Kopieren Sie den Inhalt Ihres angehängten Anschreibens zusätzlich in das Textfeld Ihrer E-Mail. So kann der Leser auf der Gegenseite selbst entscheiden, ob er Ihr Anschreiben direkt lesen oder als korrekt formatierte Datei ausdrucken möchte. Dies ist besonders dann zu beachten, wenn Mitarbeiter beauftragt sind, Ihre Bewerbungsunterlagen auszudrucken und weiterzuleiten.

- Manche Arbeitgeber begrenzen die maximale Größe eingehender E-Mail-Anhänge. Um sicher zu gehen, dass Ihre Nachricht nicht blockiert wird, sollte die Summe aller angehängten Dateien nicht größer als fünf (besser drei) Megabyte sein.

- Alle Dateien sind grundsätzlich im PDF-Format zu versenden.

- Im Idealfall sollten Sie maximal zwei Dateien anhängen. Die erste mit Ihrem Anschreiben und die zweite mit Ihrem Lebenslauf inklusive der Zeugnissen. Als noch akzeptable Alternative, können Sie Ihre Zeugnisse vom Lebenslauf trennen und separat als dritte PDF-Datei anhängen.

- Belästigen Sie bitte niemanden mit einer Vielzahl angehängter Dateien. Sie müssten auf der Empfängerseite alle einzeln geöffnet, gesichtet und gegebenenfalls ausgedruckt werden. Viele Beschäftigte verlieren schon beim Anblick solcher „Monster-E-Mails" die Motivation, diese professionell zu bearbeiten.

Sicher wird es für viele Leserinnen und Leser erstaunlich klingen: Wenn Sie diesen Empfehlungen für E-Mail-Bewerbungen folgen, werden Sie Ihren Wettbewerb mit anderen Bewerbern weiter stark reduzieren. Erfahrungsgemäß gibt es auch heute noch zahlreiche Jobsuchende, die bei E-Mail-Bewerbungen unpassende Vorgehensweisen an den Tag legen.

Regelmäßig werden E-Mails versendet, die mit einer Unmenge von Anhängen gespickt sind, weil jedes Zeugnis als einzelne Datei angehängt wurde. Ebenso oft gehen exotische Dateiformate ein, die nicht zu öffnen und damit nicht einsehbar sind. Die Anforderung, Dateien ausschließlich im PDF-Format zu übermitteln, wird ebenfalls von vielen Bewerbern missachtet. Wird darauf verzichtet, kann es durchaus passieren, dass die komplette Formatierung der Dokumente verrutscht. Die Mühe, einen Lebenslauf elegant und professionell gestaltet zu haben, ist dann umsonst gewesen. Der Gipfel der Unkenntnis wird erreicht, wenn Bewerber ihre kompletten Unterlagen in das Textfeld der E-Mail-Maske kopieren, statt als Datei anzuhängen. Auch das Umgekehrte gibt es: Manche Technik-Freaks überfordern die Adressaten. Sie packen beispielsweise ihre zahlreichen Dateien in ein Zip-Format oder verkomplizieren das Ganze auf andere Weise.

4.2.2. Onlineportale

Insbesondere bei bekannteren Unternehmen können gewaltige Mengen von Bewerbungsunterlagen eingehen. Um dieser Datenflut Herr zu werden, haben mittlerweile fast alle größeren Firmen Jobportale auf ihren Internetpräsenzen eingerichtet. Damit wird die Voraussetzung geschaffen, Bewerber bequem auf ihre Homepage verweisen zu können. Oft übernimmt dann ein entsprechendes Softwareprogramm die weitere interne Bearbeitung der Bewerberdaten. So entstehen auf der Arbeitgeberseite nahezu keine Personalkosten mehr.

Die zeitintensive Bearbeitung zahlloser Unterlagen kann so einfach gesteuert und kompensiert werden. Jedem Kandidaten wird suggeriert, dass er sich jederzeit bewerben könne. Ob die Daten in allen Unternehmen optimal verarbeitet werden, wird jedoch bezweifelt.

Dieser Trend, auf Onlineportale zu verweisen, fördert maßgeblich den Erfolg der in diesem Buch vorgestellten Strategie. Die meisten Jobsuchenden mit Handicap folgen leichtgläubig den jeweiligen Anweisungen und tippen ihre Daten voller Hoffnung in die Online-Masken ein. Danach geht das Hoffen und Bangen los – während diejenigen Arbeitssuchenden, die im Vorfeld einer Bewerbung Kontakt aufgenommen haben, zum gleichen Zeitpunkt längst mit der zuständigen Person kommunizieren.

> Beispiel:
> Frau J. wollte Arbeitgeberdaten aus „nicht passenden Stelleninseraten" entnehmen. Glücklicherweise bewahrte ihre Mutter alle Tageszeitungen eine Zeit lang auf. So konnte Frau J. alle Stelleninserate der letzten drei Monate sichten.

Sie entdeckte eine Anzeige eines internationalen Chemiekonzerns, welche vor acht Wochen erschienen war. Als Chemikantin interessierte sich Frau J. für die darauf ausgeschriebene Stelle „Buchhalter/in" natürlich nicht, jedoch für die angegebenen Arbeitgeberdaten. Eine E-Mail-Adresse konnte sie dem Inserat entnehmen. Frau J. schrieb eine E-Mail und fragte nach, ob eine Bewerbung als Chemikantin sinnvoll und wenn ja, welche weitere Vorgehensweise gewünscht wäre. Daraufhin erhielt sie eine sehr kurze Nachricht als Antwort: „Sie können sich jederzeit online auf dem Jobportal unserer Internetseite www.xyzgmbh.de bewerben."

Frau J. wollte sich jedoch nicht abwimmeln lassen. Sie wusste nur zu gut, dass sie als Berufseinsteigerin auf diese Weise nicht mit anderen, berufserfahreneren Bewerbern konkurrieren könnte. Sie vermutete zu Recht, dass dort täglich Hunderte von Bewerbungen eingetippt werden. Schließlich handelte es sich um einen sehr bekannten Großkonzern.

Sie bedankte sich für die Information und schrieb freundlich zurück, ob es denn speziell für Chemikantinnen einen Ansprechpartner gäbe. Daraufhin erhielt sie eine noch kürzere E-Mail: Sie beinhaltete lediglich den Vor- und Zunamen einer Kollegin - allerdings inklusive der E-Mail-Adresse.

Erfreut über diese wertvolle Information, stellte Frau J. der angegebenen Mitarbeiterin nochmals die gleiche Frage, ob eine Bewerbung sinnvoll sein könnte. Noch am gleichen Tag erhielt sie eine Antwort: „Gerne können sie mir ihre Bewerbungsunterlagen per E-Mail zusenden", hieß es.

„Geht doch", sagte Frau J. zu sich selbst. Eine Woche später hatte sie eine Einladung zu einem Vorstellungsgespräch in der Tasche.

Selbstverständlich darf nicht unerwähnt bleiben, dass die Situation, ein Onlinejobportal nutzen zu müssen, nicht immer vermeidbar sein wird. Werden Sie, trotz einer gewissen (freundlichen) Hartnäckigkeit, auf die Internetseite bzw. auf die Eingabe Ihrer Daten in ein Online-Bewerbungsportal eines Arbeitgebers verwiesen, müssen Sie diese unvorteilhafte Bewerbungsform leider akzeptieren.

Das Problem in Ihrem Fall ist, dass Sie sich nicht mehr so einfach von anderen Bewerbern abheben können. Es zählen nur Daten und Fakten. So wird der Wettbewerb mit Jobsuchenden, die über einen optimalen Lebenslauf verfügen, für Sie nur schwer zu gewinnen sein. Setzen Sie deshalb Ihre Erwartungshaltung nicht zu hoch an. Sind Sie erfolgreich, ist das eine angenehme Überraschung. Falls nicht, wurden lediglich Ihre Erwartungen bestätigt.

Jedoch gibt es keinen Anlass, bei der Onlineeingabe Ihrer Daten nachlässig zu sein:

- Leicht auszufüllende Eingabefelder dürfen Sie nicht dazu verleiten, mangelnde Sorgfalt an den Tag zu legen. Das gilt ebenso für die Zeugnisse, Zertifikate und sonstigen Belege. Laden Sie so viele wie möglich hoch. Nur so können Sie sich von anderen Jobsuchenden zumindest ein wenig abgrenzen.

- Rechnen Sie immer damit, dass Ihre eingetippten Angaben durch eine Software weiterverarbeitet werden. Verwenden Sie deshalb eindeutige und gängige Bezeichnungen. So kann Ihre Bewerbung durch typische Suchbegriffe besser gefunden werden.

- Achten Sie darauf, dass Sie keine zu großen Dateien hochladen. Werden auf dem Onlineportal keine Grenzwerte für die maximale Dateiengröße genannt, sollte ein Megabyte je Datei sicherheitshalber nicht überschritten werden.

- Es ist grundsätzlich ein Anschreiben als Datei hochzuladen. Auch dann, wenn ein Feld für einen individuellen Text vorhanden ist. Falls Ihre Bewerbung auf der Arbeitgeberseite ausgedruckt wird, entstehen so repräsentativere Unterlagen.

- Die Vorgaben gewünschter Dateiformate sind ebenso zu beachten. Sind dazu auf dem Internetportal keine Angaben zu finden, verwenden Sie ausschließlich das PDF-Format.

4.3. Persönliche Übergabe

Manchmal ist es sinnvoll, direkt beim Arbeitgeber vor Ort Bewerbungsunterlagen abzugeben. Auch hierzu gibt es zwei Varianten:

1. Persönliche Übergabe
2. Abgabe durch Empfehlungsgeber

Luca Rohleder

4.3.1. Persönlich

Im Kapitel „Kontakt" wurde die Möglichkeit beschrieben, bestimmte Arbeitgeber unangekündigt zu besuchen. Das heißt jedoch nicht, dass Sie darunter verstehen sollen, Unternehmen wieder mit Bewerbungsunterlagen zuzupflastern.

Auch hier ist es ratsam, die Aktivitäten der persönlichen Kontaktaufnahme von der eigentlichen Bewerbungsprozedur getrennt zu sehen. Je öfter Sie Möglichkeiten schaffen, mehrmals mit Arbeitgebern in Kontakt zu treten, umso nachhaltiger wird man sich Ihre Person bzw. Ihren Namen einprägen. Das heißt: Unter der persönlichen Abgabe von Bewerbungsunterlagen soll nur jene Situation verstanden werden, in der im Vorfeld das Einverständnis für Ihre Bewerbung vorliegt. Wenn Sie dann Ihre Unterlagen persönlich beim Arbeitgeber vorbeibringen, ist das sicher kein Nachteil. Sie zeigen damit eindrucksvoll Ihre Motivation.

Das Ganze stellt sich allerdings als problematisch dar. Erstens wird Ihr zuvor ermittelter Ansprechpartner eher selten in der Lage sein, sich spontan Zeit zu nehmen, und zweitens ist dieses Engagement für Sie sehr zeitaufwendig und umständlich. Der Aufwand, kilometerweit zu fahren, nur um einen einzigen Arbeitgeber beeindrucken zu wollen, muss im Einzelfall sorgfältig abgewogen werden.

4.3.2. Empfehlungsgeber

Falls Sie schon jetzt über interessante Kontakte verfügen, um Ihre Unterlagen beim gewünschten Arbeitgeber durch einen dort tätigen Bekannten überreichen zu lassen, ist das natürlich eine Idealkonstellation. Ihre Bewerbung wird dann durch einen Empfehlungsgeber überbracht.

Auf diese Weise eingehende Unterlagen werden in der Regel bevorzugt behandelt. Meist gelangen solche Bewerbungen zur Bearbeitung auf einen gesonderten Stapel. Besser können Sie Ihre Konkurrenz mit anderen Kandidatinnen und Kandidaten nicht eliminieren.

Wenn Sie über solche wertvollen Beziehungen verfügen, ist Ihre Referenz unbedingt in Ihrem Bewerbungsanschreiben (am besten bereits in der Betreffzeile) anzugeben. Empfehlungsgeber zeichnen sich dadurch aus, dass sie sich namentlich nennen lassen.

4.4. Fazit

Sie haben nun alle drei Teilschritte der „Bewerbungstechniken für den Verdeckten Stellenmarkt" kennengelernt. Durch die Einhaltung des Ablaufplans „Recherche", „Kontakt" und „Bewerbung" haben Sie Folgendes erreicht:

1. Durch die Recherche Ihrer Arbeitgeberzielgruppe erarbeiten Sie sich die Grundlagen für Ihre Kontaktaufnahmen.

2. Durch die Kontaktaufnahme finden Sie unveröffentlichte Stellen, die andere Bewerber nicht oder zu spät entdecken.

3. Der geringere Wettbewerb mit anderen Jobsuchenden bewirkt ein besseres Zahlenverhältnis zwischen Bewerbungen und den daraus resultierenden Einladungen zu Vorstellungsgesprächen.

4. Aus mehr Vorstellungsgesprächen resultieren mehr Jobangebote.

Diese Punkte bilden eine höchst kausale Aktivitätskette. Alle Schritte bauen aufeinander auf. Diese dürfen auf keinen Fall isoliert betrachtet werden.

In letzter Konsequenz reicht es aus, sich hauptsächlich auf die Recherchearbeit zu fokussieren.

Mir ist bewusst, dass dies für manche Leser ungewohnt klingt. Nichtsdestotrotz, diese Aussage ist eine der entscheidenden Punkte der hier vorgestellten Bewerbungstechnik.

Große Erfolge bei der Arbeitgeberrecherche werden sich bis zu den konkreten Jobangeboten hindurch ziehen. Es hat sich gezeigt, dass die Anzahl der anfänglich recherchierten Arbeitgeber grundsätzlich proportional zu der Anzahl der Vorstellungsgespräche ist.

Der Umkehrschluss gilt ebenso: Wird die Recherche- und Kontaktarbeit vernachlässigt, wird das letztendlich zu wenigen oder im Extremfall zu keinem Vorstellungsgespräch führen. Die Beachtung dieser Zusammenhänge ist sehr wichtig, um maßgebliche Bewerbungserfolge erzielen zu können.

Im Übrigen ist, neben fachlichen Kriterien, die souveräne und authentische Ausstrahlung des Bewerbers der wichtigste Erfolgsfaktor für Vorstellungsgespräche (aber auch bei der Kontaktaufnahme). Das wird immer dann gegeben sein, wenn einem einzelnen Gesprächstermin bzw. einem einzelnen Arbeitgeber subjektiv keine zu große Bedeutung beigemessen wird. Das heißt, wenn eine ausreichend hohe Anzahl von Einladungen bei unterschiedlichen Unternehmen realisiert werden konnte. Klappt das eine Vorstellungsgespräch nicht, gibt es weitere Chancen, eine Jobzusage zu erhalten:

> Das Bewusstsein, dass ein einzelnes Vorstellungsgespräch nicht mehr existenziell wichtig ist, fördert Ihr Selbstvertrauen.

Klappt das eine nicht, gibt es Alternativen. Das gleiche Prinzip gilt bei der Kontaktaufnahme. Je größer Ihre Liste recherchierter Arbeitgeber ist, umso gelassener werden Sie sein. Klappt der eine Kontakt nicht, dann geht eben der nächste.

> Der psychologische Effekt, immer über genug Potenzial und Auswahl verfügen zu können, ist der entscheidende Erfolgsfaktor.

Im Bewerbungsalltag der meisten Arbeitssuchenden hingegen ist leider der umgekehrte Fall zu beobachten. Bewerber geraten schon bei der Vorstellung über ein anstehendes Gespräch unter Erfolgsdruck. Angespannte und unglücklich verlaufende Vorstellungsgespräche sind oft die Folge.

Werden solche Situationen näher analysiert, trifft man regelmäßig auf die gleichen Muster und Abläufe: Es werden im Vorfeld zu wenige Arbeitgeber recherchiert und infolgedessen zu wenige offene Stellen entdeckt. Als Konsequenz daraus ist die Zahl sinnvoller Bewerbungen zu gering. Deshalb erfolgen nur vereinzelt Einladungen zu Vorstellungsgesprächen, oder sie bleiben im schlechtesten Fall ganz aus.

Wenn dann doch einmal ein einziges Gespräch ansteht, muss diese eine Möglichkeit unbedingt erfolgreich gemeistert werden. Solche Termine nehmen schnell einen höchst existenziellen Charakter an. Stress entsteht. Die Bewerber verlieren ihre Gelassenheit, verkrampfen, verlieren ihre positive Ausstrahlung, werden unsicher und laufen Gefahr, inkompetent zu wirken. Die Wahrscheinlichkeit des Scheiterns nimmt deutlich zu.

Sie hingegen müssen sich einem solchen Erfolgsdruck nicht mehr aussetzen. Sie sollten von Anfang an weitsichtiger agieren. Akzeptieren Sie bitte die Tatsache, dass die Gesamtzahl aller Vorstellungsgespräche direkt mit Ihrem Recherchefleiß korreliert.

Alle kausalen Zusammenhänge des vorgestellten Ablaufplans können in letzter Konsequenz auf eine einzige Aussage reduziert werden:

> Ist die Anzahl recherchierter Arbeitgeber entsprechend hoch, ist die Summe aller Jobangebote ebenso hoch.

Demnach ist in erster Linie nicht Ihre persönliche Ausgangssituation entscheidend für Ihren Erfolg und Misserfolg, sondern letztendlich Ihre Aktivitätsintensität:

> Fragen Sie täglich zehn bis fünfzehn Arbeitgeber nach dem zuständigen Ansprechpartner und ob eine Bewerbung sinnvoll ist, so werden Sie schnell einige Jobangebote vorliegen haben.

Sie erinnern sich: Die Jobsuche sollte als eine Art Berufstätigkeit aufgefasst werden. Es wurde ein konsequentes Arbeiten über einen Zeitraum von vier Wochen empfohlen. Bei 10 bis 15 Kontakten je Tag hätten Sie nach vier Wochen (inklusive freien Wochenenden) 200 bis 300 Arbeitgeber angesprochen. Und wohlgemerkt - das heißt nicht, sich 200 bis 300 Mal zu bewerben. Sie stellen jeweils nur zwei bis drei simple Fragen, die darüber hinaus nur wenige Sekunden Zeiteinsatz erfordern.

Das ist jedoch noch nicht alles. Erfahrungsgemäß entdecken Sie bei 5 bis 10 Prozent Ihrer recherchierten Arbeitgeber unveröffentlichte Stellen. Das heißt, wenn Ihre Rechercheliste 200 bis 300 Kontakte umfasst, ergäben sich daraus 10 bis 30 verdeckte Jobangebote. Die Masse der Jobsuchenden wäre schon aus dem Häuschen, wenn sie über eine einzige Stelle Bescheid wüssten, die noch nicht im Internet oder in Zeitungen inseriert wurde.

Sie hingegen verfügen gleich über 10 bis 30 Karriereperspektiven, über die nur wenig andere Bewerber Kenntnis haben. Damit haben Sie sich in eine machtvolle Position gebracht.

> Sie stehen nicht mehr unter Wettbewerbsdruck.

Sie müssen sich gegenüber andere Kandidaten nicht mehr durchsetzen. Im Vorstellungsgespräch sind Sie locker und gelassen, weil Sie wissen, es gibt noch weitere Alternative. Sie sind nicht mehr abhängig von einer einzigen ausgeschriebenen Stelle. Die Wahrscheinlichkeit einer Jobzusage ist trotz Ihres Handicaps exorbitant gestiegen.

Das bestätigen auch meine Erfahrungen. Nahezu alle Jobsuchenden, die den hier vorgestellten Ablaufplan konsequent eingehalten haben und zudem hohen Recherchefleiß zeigten, hatten in kürzester Zeit eine neue Arbeitsstelle. Dies wünsche ich Ihnen auch.

Damit sind wir jedoch noch lange nicht am Ende dieses Buchs angelangt. Sie sollten dafür Sorgen tragen, dass Sie nie mehr in eine solche Situation geraten. Wenn Sie das nächste Kapitel konsequent umsetzen, werden Sie sich wahrscheinlich nie mehr in Ihrem Leben bewerben müssen.

5 Zukunft

Während Ihrer Recherche-, Kontakt- und Bewerbungsaktivitäten haben Sie Ihre Arbeitgeberzielgruppe bzw. Ihre Branche kennengelernt.

Dabei kommunizierten Sie mit einer Vielzahl von wichtigen Ansprechpartnern. Sie haben sich also ganz nebenbei eine Kontaktesammlung bzw. eine Art berufliche Datenbank aufgebaut, die Ihre weitere berufliche Zukunft nicht nur absichern, sondern maßgeblich auch für einen Karriereschub sorgen könnte.

Nachdem Sie Bewerbungstechniken speziell für den „verdeckten Stellenmarkt" angewandt haben, sind Sie also in einer einzigartigen Ausgangsposition. Machen Sie deshalb nicht auf halber Strecke halt, sonst entgeht Ihnen eine außergewöhnliche Chance:

> Ihre aktuelle Bewerbungsphase könnte in dieser Form die erste und zugleich die letzte Ihres Lebens gewesen sein.

Nicht deshalb, weil Sie auf Lebenszeit bei einem einzigen Unternehmen tätig sein werden, sondern weil sich ganz nebenbei ein erstes berufliches Netzwerk aufgebaut haben: Selbst dann, wenn Sie frühzeitig mit den beschriebenen Bewerbungstechniken die Zusage für eine nagelneue Anstellung realisieren, heißt das noch lange nicht, dass Ihr neuer Job so verlaufen wird, wie Sie sich das im Vorfeld vorgestellt haben.

Ob Ihnen ein zufriedenstellendes Berufsleben, hohe Arbeitsplatzsicherheit oder sogar eine atemberaubende Karriere bevorsteht, können Sie zu Beginn einer brandneuen Beschäftigung nicht vorhersagen.

Zudem haben Sie bitte zu akzeptieren, dass sich die Zeiten geändert haben. Wie Sie im Kapitel 1.1 „Arbeitsmarkt" bereits lesen konnten, sind wir alle von den neuen Randerscheinungen der Globalisierung betroffen. Die Zeiten haben sich leider nicht zu Gunsten von Arbeitnehmern verändert. Es muss nicht sein, kann aber sein. Es gibt eine gewisse Wahrscheinlichkeit, dass Sie alle paar Jahre Ihre Anstellung bzw. Ihre Firma wechseln werden müssen.

Infolgedessen haben Sie völlig andere berufliche Zukunftsstrategien zu verfolgen wie vielleicht noch unser Eltern- oder Großelterngeneration. Kurzum:

> Sie dürfen bei Ihrer beruflichen Zukunft auf keinen Fall auf das „Prinzip Hoffnung" setzen.

Natürlich stehen für Sie, im Fall einer neu angetretenen Arbeitsstelle, zunächst neue Herausforderungen und Eindrücke im Vordergrund. Aber wie gesagt, Sie werden heute nahezu täglich mit dem Zeitalter der Dynamik und Veränderungen konfrontiert. Langfristige Arbeitsplatzsicherheit oder automatisch verlaufende Karrieren sind mittlerweile eher Auslaufmodelle. Darüber hinaus ist es mehr als wahrscheinlich, dass Sie bei Ihrem neuen Job nur einen zeitlich befristeten Arbeitsvertrag erhalten haben.

Wenn Sie eine neue Anstellung antreten, müssen Sie also nicht nur an Ihre berufliche Zukunft denken, sondern auch mit Unvorhergesehenem rechnen:

- Das Unternehmen, bei dem Sie Ihre neue Arbeitsstelle angetreten sind, könnte verkauft oder umstrukturiert werden oder sogar Pleite gehen. Sie als neue Mitarbeiterin oder neuer Mitarbeiter sind dann wahrscheinlich eine oder einer der ersten Angestellten, der gekündigt wird.

- Zuvor zugesagte Karriereperspektiven oder positive Arbeitsbedingungen könnten sich anders darstellen als im Vorfeld vom Arbeitgeber versprochen.

- Der Arbeitgeber könnte sich im Nachhinein als inkompetent herausstellen.

Auch diese Risiken lassen sich durch eine Datensammlung über Arbeitgeber kompensieren. Wie Sie das im Einzelnen bewerkstelligen können, zeigen Ihnen die nun folgenden vier Unterkapitel:

1. Datenbank
2. Bewerbungsnachlauf
3. Kontaktpflege
4. Neue Kontakte

Zuallererst haben Sie ein wenig Ordnung in Ihre zahlreich erhaltenen Informationen aus der Recherchephase Ihrer Jobsuche zu bringen. Sie sollten sich eine Datenbank zulegen.

5.1. Datenbank

Eigentlich müsste dieses Thema bereits im Rahmen von Kapitel 1 „Vorbereitung" erläutert worden sein. Es erscheint erst jetzt, weil Sie an dieser Stelle den Gesamtzusammenhang zwischen Datenbanken und der vorgestellten Strategie besser erkennen können.

Im Rahmen der bisher beschriebenen Aktivitäten wird sich eine beträchtliche Datenmenge ansammeln. Sie werden Arbeitgeber recherchieren, Kontaktgespräche führen, Bewerbungen versenden sowie Bestätigungs-, Absage- und Einladungsschreiben erhalten. Ebenso tauschen Sie E-Mails aus, sammeln Visitenkarten oder bekommen sonstige Informationen und Hinweise. Darüber hinaus liegen Ihnen Firmenbezeichnungen, Unternehmensadressen, Namen von Ansprechpartnern, Telefonnummern, E-Mail-Adressen, Abteilungsnamen und vieles mehr vor.

Alles in allem werden die vorgestellten Bewerbungstechniken dazu führen, dass Sie enorm viele Informationen erhalten. Damit sind Sie im Besitz von wertvollem Wissen, über welches die meisten Berufstätigen und Jobsuchenden nicht verfügen.

Luca Rohleder

Ihre Sammlung muss jedoch geordnet und strukturiert werden, sonst verlieren Sie schnell den Überblick. Beginnen Sie deshalb schon während Ihrer Startvorbereitungen mit der Schaffung eines administrativen Systems. Sie sollten demnach von Anfang an mit einer beruflichen Datenbank starten. Diese wird ein wichtiges Instrument für Ihre weitere Karriere sein.

Wenn Sie diese bürokratische Herausforderung vernachlässigen, vertun Sie eine wertvolle Chance. In Windeseile könnten Sie Ihre Kontakte, Ihre Informationen und Ihre Bewerbungsaktivitäten nicht mehr nachvollziehen. Sie wären für Ihre berufliche Zukunft nicht mehr nutzbar und somit wertlos.

Beim nächsten Jobwechsel, der mit Sicherheit auf Sie zukommen wird, müssten Sie schließlich wieder ganz von vorne anfangen. Der Zeiteinsatz und alle Mühen wären umsonst gewesen. Die ganze Arbeit der Recherche, der Kontaktaufnahme, der Bewerbungen inklusive vergeblicher Bemühungen, käme erneut auf Sie zu. Das muss wirklich nicht sein.

Wenn Sie dagegen Ihre notwendigen Dokumentationen schon während Ihrer Jobsuche professionell führen, wird etwas Einzigartiges entstehen.

Das nostalgische Büchlein mit den wichtigen Adressen kennt jeder. Vielleicht führen Sie ja noch solch ein Adressbuch, in das Sie handschriftlich wichtige Kontaktdaten eintragen. Vielleicht besitzen Sie wie in guten alten Zeiten auch noch ein Etui mit unzähligen Visitenkarten wichtiger Geschäftskontakte. Obwohl solches Sammeln von Informationen natürlich auch ein kleines Datensystem darstellt, ist es für Ihr Vorhaben nicht mehr ausreichend.

Sie können Ihre Adressdaten online direkt im Internet, auf Ihrem PC zu Hause oder auf Tablets und Smartphones verwalten.

Wie Sie sich persönlich organisieren möchten, bleibt natürlich Ihnen überlassen. Grundsätzlich können Sie für Ihre neu aufzubauende Datenbank folgende Instrumente nutzen:

- MS Outlook
- MS Excel-Tabellen
- Smartphone-Adressbücher
- Adressbücher innerhalb E-Mail-Konten
- Kontaktbereich bei Online-Communitys
- Aktenordner
- Papier-Zeitsysteme
- Individuell gestaltete Ordnerstrukturen am PC
- Käuflich erhältliche Datenbanksysteme

Ich rate Ihnen, etwas genauer zu überlegen, mit was Sie Ihre Adresssammlung aufbauen möchten. Hat Ihre Datensammlung erst einmal eine bestimmte Größenordnung erreicht, wird es zunehmend schwieriger in ein anderes System zu wechseln. Wenn Sie eine fertige Software für Ihre Datenbank nutzen, müssen Sie abschätzen, ob dieses Programm auch noch in Jahren funktioniert bzw. kompatibel mit Ihrem Betriebssystem ist.

Grundsätzlich rate ich, keine Experimente zu machen: Setzen Sie am besten auf Standardsoftware. Dies garantiert, dass diese Programme auch noch in Zukunft nutzbar sind.

Zusätzlich müssen Sie abwägen, wie und wo Sie Ihre beruflichen Kontakte abrufen möchten. Sind Sie viel unterwegs? In diesem Fall bieten sich beispielsweise Cloudcomputing, Webspace oder die Adressbücher von Onlinenetzwerken besonders gut an.

Erinnern Sie sich immer wieder daran, dass Ihre Kontakte für Ihre berufliche Zukunft wohl entscheidend sein werden. Gehen Sie nicht leichtfertig mit Ihren Aufzeichnungen um. Manchmal sind Daten online im Internet besser aufgehoben als auf Ihrem PC zu Hause.

Summa summarum möchte ich mich zurückhalten, konkrete Empfehlungen auszusprechen, mit welcher Software bzw. Hardware Sie Ihre Daten organisieren sollen. Dies hängt zu spezifisch von Ihrer persönlichen Situation und besonderen Vorlieben ab. Was das Beste ist, bleibt also Geschmackssache.

Im Allgemeinen sollten Sie auf jeden Fall darauf achten, dass Ihr professionelles berufliches Adressbuch folgende Eingabemöglichkeiten bietet:

- Name, Vorname
- Firma, Branche, Position
- Kontaktkategorie
- Straße, PLZ Ort (geschäftlich und privat)
- Geburtsdatum
- Telefon, Mobil, Fax (geschäftlich)
- Telefon, Mobil, Fax (privat)
- Eventuell Instant Messaging (z.B. Skype oder MSN)
- E-Mail-Adresse (geschäftlich und privat)
- Internetseite
- Kommunikationsverlauf
- Ziele, Wünsche und Interessen

Darüber hinaus muss Ihr System gewährleisten, dass Sie automatisch an wichtige Termine erinnert werden. Falls Sie mit einer fertigen Software am PC arbeiten möchten, muss eine Erinnerungsfunktion im Paket enthalten sein (wie z.B. bei MS Outlook). Alternativ können Sie sich am PC einen Wiedervorlage-Ordner anlegen, den Sie dann regelmäßig sichten.

Ich stelle Ihnen jetzt die prinzipielle Struktur eines einzelnen Datensatzes vor. Ob Sie diesen in MS Office, als Excel-Datei, im Word-Format, im Kontaktbereich von Onlinenetzwerken, auf Ihrem Smartphone anlegen, bleibt, wie gesagt, Ihnen überlassen.

Zukunft

Stammdaten

Name:	Sabine Mustermann
Firma:	XYZ Verlagsgesellschaft mbH & Co. KG
Branche:	Verlagswesen, diverse Fachzeitschriften (print und online)
Position:	Stellvertretende Geschäftsführerin, Chefredaktion
Ziele/Interessen:	Verlagsleiterin, Indien-Reisen, Berufseinstieg Sohn (Politik/Germanistik)
Geburtsdatum:	TT.MM.JJJJ
Sonstiges:	Nur Mo-/Fr-Vormittag im Verlag, ansonsten Homeoffice, sind per Du
Kategorie:	Bekannte
Wiedervorlage:	MM/JJJJ: Freie Stelle „Redakteurin" nachhaken

Kontaktdaten

	Privat:	Geschäftlich:
Telefon:	-	0 12 34 - 5 67 89 01
Mobil:	0 12 34 - 5 67 89 01	-
Fax:	-	-
E-Mail:	mustermann@mail.de	mustermann@verlag.de
Straße, PLZ Ort:	Musterstr. 100, 12345 Musterort	Musterweg 1, 67890 Beispielstadt

Notizen:

TT.MM.JJJJ: Weihnachtswünsche erhalten, Info: Redakteurin geht MM/JJJJ in Erziehungsurlaub

TT.MM.JJJJ: E-Mail, ob mal wieder Kaffee, Rückmeldung: möchte neuen Job, gerade schlecht

TT.MM.JJJJ: Telefonat: Verlag wäre pleite, sie möchte wechseln

TT.MM.JJJJ: Minijob als Redakteurin, danach TZ-Stelle (halbes Jahr)

TT.MM.JJJJ: Im Verlag besucht, erster Freelancer-Auftrag

TT.MM.JJJJ: Einladung zum Yoga-Schnupperkurs

TT.MM.JJJJ: E-Mail, dass das Gespräch auf Messe sehr informativ war

TT.MM.JJJJ: Visitenkarte auf der Asien-Messe erhalten, Yoga-Studio XY

Luca Rohleder

Zugegeben, der anfängliche Aufbau einer professionellen Datenbank macht Mühe. Ich kann Sie jedoch beruhigen. Steht erst einmal Ihre Datenstruktur und haben Sie sich zudem ein wenig Routine angeeignet, geht alles schneller. Alles Weitere, wie neue Kontakte hinzufügen, macht dann eher Spaß als Mühe.

5.2. Bewerbungsnachlauf

Dieses Kapitel betrifft den Zeitraum, kurz nachdem Sie Ihren neuen Job gefunden haben. Auch wenn Sie sich das jetzt noch nicht vorstellen können: Sie werden auch im Nachgang Ihres Arbeitsantritts noch lange zahlreiche, positive Nachrichten von Arbeitgebern erhalten. Sogar weitere Einladungen zu Vorstellungsgesprächen sind sehr wahrscheinlich. Schließlich hatten Sie vor dem Antritt Ihrer neuen Stelle einiges angestoßen.

Wenn der Berufseinstieg erst einmal geschafft ist, brechen allerdings die meisten Bewerber ihre Aktivitäten abrupt ab und reagieren nicht mehr auf weitere Arbeitsangebote. Sie sollten dies bitte nicht tun.

> Auch wenn Sie bereits einen neuen Job gefunden haben, sollten Sie ausstehende Vorstellungsgespräche wahrnehmen.

Das ist der beste Weg, um die jeweiligen Ansprechpartner kennenzulernen. Und diese werden Sie für Ihre berufliche Zukunft vielleicht noch dringend benötigen. Sie sind ja nicht gezwungen, jedem Arbeitgeber auf die Nase zu binden, dass Sie zu diesem Zeitpunkt Ihren Karrierestart bereits geschafft haben.

Sie sollten also auch nach Ihrem Arbeitsantritt erst einmal Ihre Aktivitäten beibehalten wie bisher. Nur die Intensität wird sich erheb-

Zukunft

lich verringern. Gibt Ihnen jemand noch ein Okay für Ihre Bewerbungsunterlagen, ist es ratsam, ihm diese noch zuzusenden. Behalten Sie diese Vorgehensweise solange bei, bis Sie jeden zuvor recherchierten Kontakt abgearbeitet haben.

Rufen Sie sich ins Gedächtnis, dass Sie diesen ganzen Aufwand wahrscheinlich nur einmal im Leben betreiben müssen.

Sind Ihre potenziellen Arbeitgeber bzw. Ansprechpartner erst einmal recherchiert, kontaktiert und in Ihrer Datenbank dokumentiert, brauchen Sie sich diese Mühe kein zweites Mal zu machen. Beim nächsten Jobwechsel greifen Sie einfach darauf zurück.

Zeigt also ein Arbeitgeber nach einem Vorstellungsgespräch noch Interesse an Ihnen, obwohl von Ihrer Seite keines mehr besteht, dann müssen Sie die Kunst der positiven Absage erlernen. Sie können ihm ja nicht beichten, dass Sie nur den Ansprechpartner bzw. das Unternehmen kennenlernen wollten, weil Sie gerade für die Zukunft vorbauen. Dann können Sie ihm im Nachhinein (nett) mitteilen, dass Sie ein Angebot erhalten hätten, das Sie unmöglich hätten ausschlagen können.

Machen Sie Ihrem Ansprechpartner ruhig ein paar Komplimente: Es sei nun unglücklich gelaufen, obwohl das Jobangebot doch so interessant gewesen wäre. Oder betonen Sie den guten Ruf des Unternehmens oder Ähnliches.

Trainieren Sie die Gratwanderung, jemandem absagen zu müssen sowie ihm gleichzeitig ein positives Gefühl zu vermitteln.

Beachten Sie auch den umgekehrten Fall, wenn Sie selbst von Absagen betroffen sein sollten. Hüten Sie sich dabei unbedingt vor unnötigen Eitelkeiten. Vermeiden Sie ungehaltene oder zu knapp wirkende Reaktionen.

Vielleicht haben Sie ja ein wenig schauspielerisches Talent und reagieren entsprechend „tief enttäuscht". Sie können heute nicht abschließend bewerten, ob Sie den betreffenden Kontakt nicht noch einmal benötigen. Gemäß dem Motto: „Man sieht sich im Leben immer zweimal." Dabei sollten Sie immer an Ihre berufliche Zukunft denken. Sie werden Ihren aktuellen Job nicht bis zur Rente behalten können. Das ist in der heutigen Zeit mehr als unwahrscheinlich. So mancher Ansprechpartner wird dabei sein, den Sie vielleicht in ein paar Jahren noch einmal ansprechen möchten.

Sehen Sie davon ab, nur einen einzigen Kontakt zu ignorieren.

Beispiel:

Frau P. war in einem kleinen Geschäft für Augenoptik tätig. Das Personal der Filiale bestand aus dem Inhaber, einer Angestellten in Teilzeit, zwei Praktikantinnen und zwei Azubis. In der Hauptsache war ihr Chef für die Kunden zuständig. Allerdings war er nicht in der Lage, genügend Kunden zu akquirieren oder bestehende Kunden langfristig zu halten. Finanzielle Engpässe waren logischerweise an der Tagesordnung.

Irgendwann bemerkte Frau P., dass ihre Kündigung wahrscheinlich bevorstand. Sie startete sofort ihre Bewerbungsphase. Schnell hatte sie einige lukrative Jobangebote vorliegen. Schließlich entschied sie sich für eine etablierte Einzelhandelskette für Augenoptik. Es war ihr Wunscharbeitgeber. Sie hatte bereits ihre Berufsausbildung dort absolvieren wollen, war allerdings damals nicht zum Zuge gekommen. Dementsprechend war sie nun begeistert, dass sie eine Zusage erhielt. Darüber hinaus standen bei anderen Unternehmen noch zwei weitere Vorstellungsgespräche an. Frau P. sagte sie alle kommentarlos ab. Schließlich hatte sie die Zusage für ihren Traumjob in der Tasche.

Frau P. war gerade ein Jahr in ihrer neuen Position tätig, als sie in der Tageszeitung las, dass ihr Arbeitgeber vom Marktführer für Augenoptik aufgekauft worden war. Dies kam für sie und ihre Arbeitskollegen überraschend. Bei der täglichen Arbeit hatte nichts darauf hingedeutet. Zwei Wochen später wurde die Belegschaft informiert. Die achtundzwanzig Filialen ihres bisherigen Arbeitgebers sollten auf zehn zusammengestrichen werden. Die Filiale, in der Frau P. arbeitete, stand auf der Streichliste. Man werde aber eine Lösung finden, sagte der Filialleiter. Weitere Informationen konnte er nicht geben, da er selbst nicht informiert war, wie es weitergehen würde.

Irgendwann in einer Kaffeepause erhielt Frau P. von einem Kollegen den Tipp, sich vielleicht besser nach einem neuen Job umzusehen. Dabei erfuhr sie, dass fast die Hälfte ihrer Kollegen und Kolleginnen bereits woanders unterschrieben hatte.

Nach dem Feierabend wollte Frau P. ihre Bewerbungen heraussuchen, die sie vor einem Jahr versandt hatte. Allerdings konnte sie viele Vorgänge nicht mehr nachvollziehen. Einige Bewerbungskopien oder Ansprechpartner waren überhaupt nicht mehr auffindbar. Sie fasste den Entschluss, zumindest bei denjenigen Augenoptikern anzurufen, welche sie damals zu Vorstellungsgesprächen eingeladen hatten. An diese Unternehmen und Ansprechpartner konnte sie sich noch gut erinnern, schließlich hatten sie an ihr Interesse gezeigt.

Bei den Unternehmen, bei denen sie damals Gespräche rigoros abgesagt hatte, erhielt sie allerdings keine zweite Chance. Man erinnerte sich dort ebenfalls.

5.3. Kontaktpflege

Allein die Tatsache, wenige Male mit jemandem telefoniert, gemailt oder persönlich gesprochen zu haben, garantiert nicht, dass man sich an Sie erinnert. Das heißt, die Menschen in Ihrer Datenbank müssen ein bisschen gehegt und gepflegt werden, damit man Sie nicht vergisst.

Sie sollten immer wieder einen Anlass finden, um sich zumindest einmal im Jahr melden zu können. Ob Sie das persönlich, telefonisch oder per E-Mail erledigen, bleibt Ihnen überlassen.

- Finden Sie z.B. den Geburtstag heraus und gratulieren Sie jedes Jahr. (Hierbei sind Onlinenetzwerke wie Xing o. Ä. sehr hilfreich)

- Versenden Sie persönliche Weihnachts- und Neujahrsgrüße per SMS, E-Mail oder Karte.

- Teilen Sie Ihren Kontakten mit, wenn sich Ihre Adresse, Telefonnummer, E-Mail-Adresse o. Ä. geändert hat.

- Informieren Sie diese über aktuelle Neuigkeiten und sonstige Gegebenheiten. („Das könnte Sie auch interessieren, die Bundesregierung hat gerade beschlossen ...")

- Trauen Sie sich auch einmal, um beruflichen Rat zu bitten.

- Erfragen Sie Ansichten und Meinungen.

Seien Sie kreativ. Auf welche Weise und wie oft Sie sich melden möchten, sollten Sie davon abhängig machen, wie sympathisch oder wie wichtig diejenige oder derjenige für Sie ist.

Beispiel:

Herr Q. vereinbarte einen Trainingstermin für Vorstellungsgespräche. Seit zwei Jahren war er bei einem Pkw-Vertragshändler als Juniorverkäufer beschäftigt. Obwohl es für Herrn Q. keinen konkreten Anlass gab, hatte er von Beginn an die Befürchtung, dass mittelfristig sein Arbeitsplatz gefährdet sein könnte. Der Niederlassungsleiter gab ihm zwar stets gute Beurteilungen. Seine Verkaufszahlen waren ebenfalls überdurchschnittlich. Zudem galt er bei der Belegschaft als fachlich kompetent und war beliebt. Allerdings beobachtete er mit Argwohn, dass das Autohaus die Stellen ausscheidender Mitarbeiter nicht mehr neu besetzte. Stattdessen wurde das Personal mit immer mehr Auszubildenden und Praktikanten aufgefüllt. Einige Aufgaben wurden sogar an externe Dienstleister ausgelagert.

Deshalb blieb Herr Q. vorsichtshalber mit den meisten Unternehmen in Verbindung, mit denen er vor zwei Jahren während seiner Jobsuche Kontakt hatte. Sicher ist sicher, dachte er. Er hatte schon kurz nach seiner damaligen Bewerbungsphase begonnen, jedes Jahr diesen Ansprechpartnern frohe Weihnachten und einen guten Rutsch zu wünschen.

Er nahm sich deshalb jedes Jahr die Zeit, um zumindest jedem die Aufmerksamkeit einer persönlichen Anrede zu schenken. Obwohl dies jedes Mal einen ganzen Abend benötigte, verzichtete er niemals darauf. „Einmal im Jahr könne man sich diese Arbeit machen", sagte er zu sich selbst. Und er behielt Recht.

Eines Tages erhielt er eine E-Mail von einer Personalreferentin eines asiatischen Autobauers. Herr Q. hatte sich dort vor wenigen Jahren beworben, allerdings erhielt er damals nicht den Zuschlag. Jetzt erkundigte sich die Personalerin nach seiner aktuellen Anstellung und fragte, ob er

> an einer beruflichen Verbesserung interessiert sei. Sie vereinbarten einen Telefontermin, um alles Weitere zu besprechen. Zugleich erwähnte die Personalerin, dass sie sich jedes Jahr über die netten Weihnachtswünsche gefreut habe, und sie sei angenehm überrascht gewesen, dass diese stets mit persönlicher Ansprache versendet worden waren.
>
> Zwei Wochen später wurde Herr Q. zu einem Vorstellungsgespräch eingeladen. Es ging um die Verkaufsleitung in einem Autohaus, das demnächst eröffnet werden sollte.

Mit der Zeit werden Sie bei der Kontaktpflege das notwendige Fingerspitzengefühl entwickeln. Selbstverständlich können Sie allen möglichen Menschen nette Grüße senden. Wenn allerdings kein Feedback kommt, ist die Wahrscheinlichkeit hoch, dass Ihr Engagement keinen positiven Effekt erzielt.

Vielleicht ist Ihr Gegenüber an weiteren Kontakten nicht interessiert oder zu sehr in seinem Leben bzw. Beruf eingespannt. Um sicher zu gehen, sind auf jeden Fall drei Versuche ratsam. Sie gehen dabei kein Risiko ein, Ihr Gegenüber zu nerven. Schließlich versenden Sie meist nur nette Grüße oder informieren Ihr Gegenüber über sonstige harmlose Gegebenheiten. Zusammengefasst gilt für die „Kontaktpflege" Folgendes:

> Regelmäßig etwas von sich hören zu lassen, sind die Grundlagen der beruflichen Zukunftssicherung.

5.4. Neue Kontakte

Im Vergleich zum Neuaufbau stellt die Erweiterung einer Datensammlung über zukünftige Arbeitgeber keine größere Herausforderung dar. Erstens ist der Großteil Ihrer Kontaktaktivitäten bereits erledigt, und zweitens sind Sie zu diesem Zeitpunkt ausreichend trainiert. Vieles geht Ihnen leicht von der Hand, weil Sie wissen, worauf es ankommt.

Je länger Sie sich mit Ihrer Datensammlung beschäftigen, umso effektiver werden Sie. Sie sollten praktisch niemals aufhören, offen für neue Arbeitgeberdaten zu sein.

Entdecken Sie Unternehmen, Behörden oder Institutionen, die sich bisher noch nicht in Ihrer Datenbank befinden, machen Sie weiterhin Fotos mit Ihrem Mobiltelefon, kritzeln Sie sich Firmenbezeichnungen auf eine Magazinseite oder machen Sie sich auf sonstige Art und Weise Notizen. Zu Hause legen Sie diese neuen Informationen einfach in Ihrer Datenbank ab. Dies macht wirklich nicht viel Mühe.

Um regelmäßig von potenziellen Ansprechpartnern oder Unternehmen zu erfahren, sollten Sie sich für Ihre gesamte berufliche Laufbahn Folgendes zur Gewohnheit machen:

- Treten Sie einer Interessengruppe bei, die Ihren Bereich betrifft. Zumindest eine ehrenamtliche Position sollten Sie innehaben.
- Besuchen Sie Veranstaltungen, die mit Ihrer Branche oder Ihrem Aufgabengebiet zu tun haben.
- Halten Sie in Tageszeitungen und Onlinejobbörsen regelmäßig Ausschau nach Stelleninseraten von interessanten Arbeitgebern.
- Achten Sie auch weiterhin im TV, im Kino, auf Plakaten, im Internet oder in Printmedien auf Bekanntmachungen oder Werbeauftritte von Unternehmen, die Ihre Karriere betreffen könnten.
- Abonnieren Sie eine für Sie geeignete Fachzeitschrift.

Auch dann, wenn sich Ihr aktueller Job optimal entwickelt, sollten Sie zumindest einige wenige Gespräche pro Jahr führen. Sie müssen ja nicht gleich jedem auf die Nase binden, dass Sie nicht so intensiv eine neue Anstellung suchen. Sie können nur gewinnen. Entpuppt sich eine Stelle als uninteressant, bleibt alles wie es ist. Stellt sich diese dagegen als Chance heraus, können Sie ja vielleicht den nächsten Karriereschritt machen.

Wenn Sie sich an die genannten Empfehlungen halten, trotz eines bestehenden Jobs, das heißt, ohne Not immer offen für neue

Arbeitgeber zu sein, werden Sie etwas Seltsames und Unerklärliches erleben:

> Erfahrungsgemäß ergeben sich die besten Karrierechancen dann, wenn man sie nicht benötigt.

Vielleicht kommt dann ein Angebot auf Sie zu, von dem Sie bisher nicht zu träumen wagten.

Im Übrigen wird der weitere Ausbau Ihrer Datenbank deutlich an Dynamik gewinnen, wenn Sie erst einmal im Berufsleben stehen. Sie kommen dann automatisch mit Arbeitskollegen, Vorgesetzten, Kunden und Lieferanten in Kontakt. Sie bewegen sich tagtäglich in Ihrer Branche. Halten Sie dabei stets Augen und Ohren offen.

Aus jeder Begegnung im Arbeitsalltag kann sich praktisch ein Karriereschritt entwickeln. Insbesondere mit ausscheidenden Mitarbeitern und Vorgesetzten sollten Sie möglichst immer in Kontakt bleiben:

> Ehemalige Arbeitskollegen und Chefs sind für Ihre berufliche Zukunft nahezu die perfekten Empfehlungsgeber.

Vielleicht werden die neuen Arbeitgeber Ihrer ehemaligen Kollegen und Vorgesetzten auch für Sie einmal interessant. Dann verfügen Sie dort über Topreferenzen.

Ebenso kann im Rahmen Ihres künftigen Arbeitsalltags jeder Kunden- und Lieferantenkontakt eine wichtige Rolle spielen:

> Es ist nicht ungewöhnlich, dass Sie durch Kunden und Lieferanten Ihres aktuellen Arbeitgebers abgeworben werden.

Denken Sie bitte daran, wenn Sie im Arbeitsleben stehen: Jeder Kunde oder Lieferant könnte Ihr nächster „Geldgeber" sein.

Das Gleiche gilt für Konkurrenzunternehmen: Haben Sie grundsätzlich (diskret und inoffiziell) einen guten Draht zu Beschäftigten konkurrierender Firmen. Finden Sie einen Weg, sich regelmäßig auszutauschen. Diese könnten Ihre zukünftigen Vorgesetzen oder Arbeitskollegen sein.

Lassen Sie sich deshalb von keinem Chef emotional gegen die Konkurrenz aufhetzen. Die Loyalität Ihrem derzeitigen Arbeitgeber gegenüber untergraben Sie erst dann, wenn Sie unangemessene Informationen preisgeben.

5.5. Fazit

Wir sind nun am Ende dieses Bewerbungsratgebers angelangt. Setzen Sie alle Empfehlungen in die Praxis um, werden Sie schon mit simplen Recherche- und Kontaktaktivitäten eine neue Anstellung finden. Daneben entsteht automatisch, sozusagen als Nebenprodukt Ihrer Recherchearbeit, eine Datenbank.

> Ihre Datensammlung wird sozusagen die Lebensversicherung für Ihre gesamte berufliche Zukunft sein.

So werden Sie den nun anstehenden neuen Job in dem Bewusstsein erleben, dass Sie jederzeit berufliche Alternativen zeitnah generieren können. Sie sind dann nicht mehr existenziell von Ihrem Arbeitsplatz abhängig.

> Beruflicher Stress entsteht meist nicht durch das Arbeiten selbst, sondern durch fehlende Alternativen.

Sollten sich tatsächlich einmal unvorteilhafte Arbeitsbedingungen oder mangelnde Karriereperspektiven einstellen, können Sie dies gelassen hinnehmen: Entweder Ihr derzeitiger Arbeitgeber stellt vorhandene Missstände ab, oder er wird von Ihnen durch ein besseres Unternehmen ausgetauscht.

Dazu nehmen Sie lediglich Ihre Datensammlung wieder in die Hand und führen ein paar simple Telefonate durch oder versenden einige kurze E-Mails. Da man Sie auf der Arbeitgeberseite dann schon mehr oder weniger kennt, ergeben sich so schnell und unbürokratisch neue berufliche Perspektiven.

Sie sind es dann, die unpassende Arbeitgeber aus Ihrem Leben „wegrationalisiert". Ein Gefühl der Freiheit und mehr Lebensqualität werden sich so einstellen. Eine positivere Ausstrahlung wird die Folge sein. Ideale Voraussetzungen für ein erfolgreiches und zugleich harmonisches Berufsleben. Zudem können Sie auch dynamischeren Zeiten gelassen entgegensehen.

Ich fasse den Inhalt dieses Bewerbungsratgebers kurz zusammen: Durch die Unterteilung der Jobsuche in die drei Phasen „Recherche", „Kontakt" und „Bewerbung" versetzen Sie sich in die Lage, sich auch auf solche Stellen bewerben zu können, die nicht öffentlich ausgeschrieben sind. Sie konzentrieren sich demnach ausschließlich auf den „verdeckten Stellenmarkt". Sie entziehen sich so dem Wettbewerb mit anderen Kandidatinnen und Kandidaten:

Sie kompensieren Ihr Bewerbungshandicap damit, besser und schneller über offene Stellen informiert zu sein als andere.

Sie gehen den Konkurrenzkampf mit anderen Bewerbern um die besten Jobs erst gar nicht ein. Sie entziehen sich praktisch dieser unangenehmen Konstellation.

Diese Vorgehensweise ist der Schlüssel für die „Jobsuche in schwierigen Fällen". Sie werden überrascht sein, wie viele freie Stellen sich auftun, bei denen auch Sie gute Chancen haben werden. Je weniger Konkurrenten Sie haben, umso höher ist die Wahrscheinlichkeit, dass Sie eine Jobzusage erhalten.

Noch ist es aber nicht soweit: Jetzt müssen Sie die ersten Schritte tun. Treffen Sie eine Entscheidung, bereiten Sie einen Arbeitsplatz vor, checken Sie Ihre technische Ausstattung und bringen Sie Ihre

Luca Rohleder

Bewerbungsunterlagen auf Vordermann. Anschließend müssen Sie mögliche Unternehmen recherchieren und sich persönlich, telefonisch oder per E-Mail das Okay für Ihre Bewerbung einholen.

Ich schlug Ihnen vor, Ihre Jobsuche als eine Art Berufstätigkeit aufzufassen. Sie sollten täglich einige Stunden investieren sowie einem genau strukturierten Zeitplan folgen – idealerweise für vier Wochen. Dieser kurze Zeitraum wird ausreichend sein, um gute Bewerbungsergebnisse zu erzielen.

Bei beispielsweise zehn bis fünfzehn Kurzanfragen pro Tag hätten Sie schon nach vier Wochen (inklusive freien Wochenenden) 200 bis 300 Unternehmen angesprochen. Und wohlgemerkt, das heißt nicht, sich mühselig 200 bis 300 Mal beworben bzw. die gleiche Anzahl von Unternehmen mit unerwünschten Bewerbungsunterlagen belästigt zu haben. Nein, es geht um etwas viel Einfacheres.

Sie haben lediglich zwei Fragen zu stellen, die zudem nur wenige Sekunden dauern. Erkennen Sie bitte die Einfachheit des hier vorgestellten Gesamtkonzeptes: In allerletzter Konsequenz läuft alles auf zwei Fragen hinaus:

1. Ist eine Bewerbung sinnvoll?

2. Wer ist mein Ansprechpartner?

Stellen Sie sich vor, Sie müssen nur wenige Wochen von Ihrem Leben investieren und anschließend wartet auf Sie ein erfüllendes Berufsleben. Dafür ist dieser Aufwand, täglich vier bis fünf Stunden konzentriert an seiner Jobsuche zu arbeiten, geradezu ein lächerliches Opfer, das es zu erbringen gilt.

> Je mehr Anfragen Sie durchführen, umso eher werden Sie einen Job finden, von dem Sie bisher nicht zu träumen wagten.

Und zum Schluss noch ein letzter Tipp: Die von mir vorgestellte Vorgehensweise funktioniert! Erfahrungsgemäß besteht der Engpass bei den meisten Jobsuchenden in der unterschwelligen Angst, potenzielle Arbeitgeber einfach, kurz und unkompliziert anzusprechen. Sie können sich an diese neue Denkweise besser gewöhnen, indem Sie

Zukunft

sich mit kleinen Schritten herantasten. Setzen Sie sich zunächst keine zu hohen Tagesziele. Am ersten Tag sprechen Sie beispielsweise nur fünf Unternehmen an. Am zweiten dann sieben. Am dritten neun usw. – so lange bis Sie bei Ihrem persönlichen Aktivitätsziel angelangt sind.

Zehn bis fünfzehn Kurzanfragen inklusive der anderen vorgestellten Aktivitäten sind im Übrigen problemlos an einem Vormittag oder Nachmittag zu schaffen. Dabei spielt es keine Rolle, ob Sie auf jede einzelne Kurzanfrage eine positive Reaktion erhalten oder nicht. Maßgeblich ist lediglich Ihre Konzentration auf die Gesamtanzahl täglicher Kurzanfragen. Alles andere stellt sich wie von selbst ein! Erinnern Sie sich bitte:

Es ist ausreichend, wenn nur 5 bis 10 Prozent positiv reagieren.

Diese Aussage ist sehr bedeutungsvoll: Sie müssen versuchen zu akzeptieren, dass Sie von zirka zehn Kurzanfragen ungefähr neun „Neins" erhalten. Sie können sich darauf verlassen, dass sich ungefähr das Verhältnis 9:1 zwischen Absagen und Zusagen für Ihre Bewerbungen einstellen wird. Diese äußerst niedrige Quote genügt bereits, um wirklich mit Riesenschritten voranzukommen. Schnell werden Sie so Ihr Bewerbungshandicap vergessen können.

Nehmen Sie selbstbestimmt Ihre Zukunft in eigene Hände. Vielleicht möchten Sie schon jetzt eine Entscheidung treffen?

Meine Recherchearbeit soll starten am:

....

Ich wünsche Ihnen viel Erfolg!

Luca Rohleder

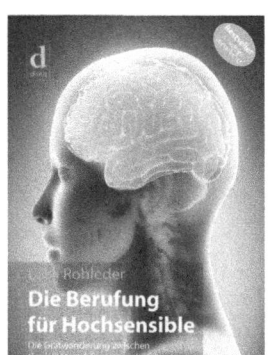

Luca Rohleder
Die Berufung für Hochsensible
Die Gratwanderung zwischen
Genialität und Zusammenbruch
ISBN 978-3-9815711-4-1

Luca Rohleder
Die Liebe empathischer Menschen
Die Gratwanderung zwischen
wahrer Liebe und seelischen Verletzungen
ISBN 978-3-9817975-8-9

Michaela Schubert
Essstörungen - Was ist das?
Das ABC der Magersucht, Ess-Brech-Sucht
und Essanfallstörung
ISBN 978-3-9818928-2-6

Uma Ulrike Reichelt
Schnell und sicher ins Burnout
5 Glücksgesetze, die Sie missachten müssen,
um schnell alt, krank und unglücklich zu werden
ISBN 978-3-9818928-4-0

Silvia Christine Strauch
Meine Hochsensibilität positiv gelebt
Persönliche Einsichten aus
einem langen bewegten Leben
ISBN 978-3-9817975-0-3

Monika Richrath
EFT Klopftechnik für Hochsensible
Wie Sie in nur 2–5 Minuten mehr
Lebensfreude herbeiklopfen können
ISBN 978-3-9817975-4-1